한 권으로 끝내는 카페 메뉴

A Cafe Menu

전효원 · 우미숙 · 양유경 · 안미숙
신경이 · 김은숙 · 김경서   공 저

ⓑ (주)백산출판사

Prologue

저희는 대학과 센터에서 음식 관련 강의를 하거나 현장에서 다양한 메뉴를 개발하고 고객을 맞이하는 외식업 운영과 컨설팅을 하는 대표들로 구성된 전문가 7인입니다.

주기적으로 만나 음식 인문학과 외식 브랜드, 요리 레시피 등을 공부하고 연구하는 과정 중에 많은 학생과 회원들이 소규모로 운영할 수 있는 카페에 관심이 많고 카페 운영자들은 새로운 메뉴 개발에 필요성은 느끼나 어려움이 많다는 것을 알게 되었습니다.

그래서 시대적 트렌드에 맞는 메뉴 개발과 정확한 레시피 등을 기획하여 수년간의 연구와 실무 경험을 바탕으로, 실제 카페 운영에 필요한 내용을 모아 '한 권으로 끝내는 카페 메뉴' 책을 발간하게 되었습니다.

현대 사회에서 카페는 단순히 커피나 차를 마시는 공간을 넘어서, 사람들의 일상 속에서 중요한 역할을 하는 만남과 소통의 장소가 되었습니다. 다양한 연령대와 배경을 가진 사람들이 저마다의 이유로 카페를 찾습니다. 직장인들에게는 잠깐의 휴식 공간으로, 학생들에게는 집중력을 높이기 위한 학업 공간, 가까운 친구들끼리는 모여 대화를 나누기 위한 친목 공간, 그리고 어떤 이들은 혼자만의 여유로운 시간을 즐기기 위한 휴식 공간 등 다양한 목적으로 카페를 찾습니다. 따라서 카페 메뉴는 다양한 연령층의 사람들과 그들만의 이유 있는 목적에 맞도록 다양하고 개성 있게 구성될 필요가 있습니다.

이 책에서는 기본적인 커피와 차, 디저트 및 최근 인기를 끌고 있는 트렌디한 음료와 건강을 고려한 한 끼 식사가 가능한 메뉴까지 폭넓게 다루고 있습니다. 각각의 메뉴마다 상세한 레시피와 함께, 그것과 관련된 이야기와 더 맛있게 즐길 수 있는 활용 팁을 담았습니다. 더불어, 저희가 현장에서 경험으로 얻은 다양한 노하우와 실수를 통해 얻은 교훈도 아낌없이 공유합니다. 이 책은 단순한 레시피 모음집이 아니라, 카페 운영의 실질적인 지침서이자, 새롭고 다양한 자신만의 창의적인 메뉴 개발에 영감이 될 수 있도록 기획되었습니다.

카페를 성공적으로 운영한다는 것은 단순히 맛있는 음료 몇 가지만 만드는 것 이상을 요구합니다. 주요 소비층 고객의 취향을 이해하고, 그 시대의 트렌드를 반영하여 메뉴 개발에 부지런해야 하며, 지속 가능한 운영 방식을 늘 고민해야 합니다. 저희는 이 책을 통해 독자 여러분이 이러한 요소들을 균형 있게 고려하여 지속적이고 성공적인 카페를 운영할 수 있도록 작으나마 도움이 되고자 합니다.

특히, 이 책은 카페 운영자뿐만 아니라, 홈 카페를 즐기는 일반인들, 그리고 음식과 음료에 관심이 있는 모든 분께 유용한 가이드가 되기를 바랍니다. 또한 진문가에게는 카페 문화를 한층 더 풍성하게 만드는 데 도움이 되었으면 하는 마음으로 실용적인 조언과 함께, 저희의 경험에서 우러나온 이야기들을 담았습니다.

저희는 이 책을 준비하면서 많은 분의 도움과 격려를 받았습니다. 이 자리를 빌려 감사의 말씀을 전합니다. 특히, 카페 현장에서 매일 같이 노력하시는 운영자분들과 이 책의 출간을 위해 힘써주신 출판사 관계자분들께 깊은 감사의 인사를 드립니다. 여러분의 지원 덕분에 이 책이 세상에 나올 수 있었습니다.

이 책을 통해 새로운 맛과 경험을 발견하시길 바랍니다. 카페 메뉴 하나하나에 담긴 정성과 이야기를 통해 더 많은 사람과 소통하고, 그 속에서 즐거움을 찾으시길 바랍니다. 이 책이 카페를 운영하시는 분에게는 활기를, 카페 창업에 관심이 많으신 분들에게는 용기를, 홈 카페에 취미를 가지신 분들에게는 즐거움을 줄 수 있는 작은 도움의 지침서가 되기를 바랍니다.

모두 건강하시고 행복하세요.

감사합니다.

2024년 7월
저자 일동

Contents

1장 카페 메뉴 기본 이론

2장 실전 카페 메뉴 레시피

세계적으로
핫한 **한과**

남녀노소 반하는 **떡**

사진을 부르는 달보드레 **베이킹**

바쁜 현대인의 건강식
샌드위치와 샐러드

일 년 내내
허브티

건강 듬뿍
수제청과 전통차

한잔의 여유
커피

카페 메뉴
기본 이론

1. 한과의 정의

한과(韓菓)는 한국의 전통 과자를 통칭하며 조과(造果), 과정류(菓飣類), 괴줄로도 부른다. 쌀, 밀 같은 곡물가루, 과일, 식용 가능한 뿌리 등에 조청, 꿀, 엿, 설탕 등으로 달콤하게 만들어 후식이나 간식용으로 만들었다. 여기에 각종 천연가루로 아름다운 색과 재료 자체의 맛을 살렸다. 대표적인 한과의 종류로는 유밀과, 다식, 정과, 과편, 숙실과, 강정 등이 있다.

2. 한과의 역사

1) 삼국시대 및 통일신라 시대

• 『삼국유사』의 「가락국기」 수로왕조에 과(果)가 제수로 나왔다.
• 신문왕 3년(683) 왕비의 폐백품목 중에서 과정류에 필요한 쌀, 꿀, 기름 등을 재료로 한다.
• 통일신라 시대 차 마시는 풍습이 성행함에 따라 진다례 등 다과상이 발달한 것으로 추정된다.

2) 고려시대

• 고려의 불교행사인 연등회연, 팔관회연, 공사연회(公私宴會), 제사, 왕공, 귀족, 사원의 행사 고임상에 이용했다.
• 『오주연문장전산고』에 충렬왕 22년(1296), 원나라 세자의 결혼식에 가져간 유밀과가 격찬받은 기록이 있다.
• 고려병(高麗餠), 약과(藥菓)로 유명하다.
• 유밀과의 성행으로 명종 22년(1192), 공민왕 2년(1353) 등 유밀과 사용금지령을 내렸다.

3) 조선시대

• 과정류가 한국인의 의례식품, 기호식품으로 숭상받았다.
• 어상, 궁중 잔칫상, 반가의 세찬(歲饌), 제품(祭品), 연회상 등의

행사식으로 사용했다.

- 설날 음식, 혼례, 회갑, 제사음식 등 통과의례, 시절식으로 민가에도 유행했다.
- 『대전회통(大典會通)』에 헌수, 혼인, 제향 이외에 조과를 사용하는 사람은 곤장을 맞도록 규정했다.

4) 근현대의 과자

- 1900년대 서구 식생활 문화의 유입으로 한과가 쇠퇴하고 명절, 제사, 선물 등으로 명맥을 이어갔다.
- K-푸드, K-드라마 등 한류의 영향으로 젊은이들을 중심으로 약과, 주악 등이 인기를 얻고 있다.

3. 한과의 종류

1) 유밀과

여러 가지의 곡식 가루에 꿀, 기름, 술 등을 넣어 반죽해 모양을 만들어 기름에 지져서 즙청한다.

- **약과**: 유밀과의 대표 음식으로, 약이 되는 과일이라는 뜻이다. 주재료는 밀가루, 크기와 모양에 따라 소약과, 대약과, 다식과, 연약과로 나뉘고 소를 넣은 만두과도 있다.
- 밀가루를 반죽하여 모양을 여러 가지로 하여 기름에 튀겨낸 매작과, 차수과, 중배끼, 요화과, 산승과, 한과, 채소과 등

2) 다식

쌀가루와 깻가루, 밤가루, 송홧가루 등을 꿀이나 조청에 반죽해서 아름다운 다식판에 찍어낸다. 혼례상, 회갑상, 제사상, 의례상, 명절의 큰상차림, 찻상이나 후식으로 사용한다.

- 밤다식, 송화다식, 흑임자다식, 잡과다식 등

3) 정과

전과, 수분이 적은 식물의 뿌리나 줄기, 열매를 조청이나 꿀에 오랫동안 조려 쫄깃한 질감과 달콤한 맛이 특징이다. 주로 다과상이나 잔칫상에 올린다.

- 연근정과, 행인정과, 도라지정과, 박고지정과, 유자정과, 살구정과, 인삼정과, 복숭아정과, 앵두정과, 죽순정과, 건포도정과, 동아정과 등

4) 과편

신맛이 나는 과실을 삶아 즙을 내 꿀과 설탕로 끓여 엉기게 한 후 녹말물을 넣고 굳혀 모양을 만들어 편으로 썬 것으로 조과라고도 한다. 과일의 맛과 색, 향이 나서 과일의 대용품으로 사용했다.

- 앵두편, 살구편, 오미자편, 모과편, 복분자편, 산사편, 포도편, 매실편 등

5) 숙실과

과수의 열매나 뿌리를 익히고 꿀에 조려서 과실 모양이나 여러 형태로 만든 것으로 초와 란으로 나뉜다.

- **초**: 과수의 열매를 익혀서 조린 음식. 대추초, 밤초 등
- **란**: 열매를 익히고 으깨어 꿀, 계피가루를 넣고 섞어 과실 모양으로 만든 음식. 강란, 율란, 조란 등

6) 강정

곡물, 깨, 콩, 각종 견과류를 볶거나 튀겨서 엿에 엉기게 하고 밀어서 굳힌 음식이다.

- 산자, 밥풀산자, 세반산자, 손가락강정, 빙사과, 매화강정, 깨강정, 엿강정, 잣강정, 쌀강정 등

4. 색을 내는 가루

1) 붉은색을 내는 가루

① **백년초 가루**: 제주도의 손바닥선인장 열매(백년초)의 효소나 가루로 분홍색을 표현한다. 열에 약해 절편, 바람떡, 개피떡, 산병 등에 사용한다.

② **딸기가루**: 딸기가루, 딸기주스 가루로 연한 살구색, 연핑크색을 표현하고 딸기의 달콤한 향을 낸다.

③ **자색 고구마 가루**: 삶은 자색고구마, 자색고구마 가루로 보라색을 표현한다.

④ **비트가루**: 발색이 잘되는 재료로 연핑크부터 빨간색을 표현한다.

2) 노란색을 내는 가루

① **단호박 가루**: 찐 단호박, 단호박 가루로 연노랑부터 진노랑까지 표현할 수 있다.

② **치자가루**: 치자열매는 물에 우리고, 지자가루로 산뜻한 노란색, 어두운 주황색을 표현한다.

③ **강황가루**: 생강목, 카레로 선명한 황색, 등황색을 표현한다.

3) 초록색을 내는 가루

① **쑥가루**: 삶은 쑥, 쑥가루로 어두운 초록색을 표현하고, 쑥 향기를 부여한다.

② **말차가루**: 녹차의 어린잎을 말려 만든 가루로 밝은 초록색, 연두색을 표현한다.

③ **파래가루**: 파래가루로 초록색을 표현하고, 파래 맛을 부여한다.

4) 갈색을 내는 가루

① **송기**: 소나무의 속껍질 가루로 갈색을 낸다.

② **도토리가루**: 도토리를 물에 담가 말려 만든 가루로 갈색을 낸다.

③ **감가루**: 생감의 껍질을 벗겨 얇게 썰어 말려 만든 가루로 갈색을 낸다.

5) 검은색을 내는 가루

① **흑임자 가루**: 검은깨를 볶아 만든 가루로 검은색을 내고 고소하고 진한 맛과 향기를 부여한다.

② **검정콩 가루**: 검검은콩을 볶아 만든 가루로 검은색을 내고 각종 떡, 고물에 사용한다.

③ **석이가루** : 석이를 깨끗이 씻어 말린 후 가루를 내어 진한 검은색을 표현한다.

---

5. 한과의 고명

음식의 모양과 빛깔을 더하기 위해 음식 위에 얹거나 뿌리는 것으로 실고추, 지단, 대추, 밤, 호두, 은행, 잣가루, 실깨, 석이버섯, 호박씨, 해바라기씨, 깨소금, 미나리, 당근, 파 등이 있다.

1) 떡, 한과에 쓰이는 고명의 종류

① **밤**: 속껍질을 제거하고 채(대추단자 등), 편으로 썰어 사용한다.

② **대추**: 마른 대추를 돌려깎고 밀대로 밀어 채, 꽃 모양을 내서 떡이나 과자류 등에 사용한다.

③ **잣**: 속껍질을 벗기고 고깔을 떼어내고 통째로 쓰거나 비늘잣을 사용한다. 잣가루는 곱게 다진 후 사용한다.

④ **은행:** 기름을 두른 팬에 굴리면서 볶아 비벼서 속껍질을 벗겨 사용한다.

⑤ **호두:** 대꼬치로 속껍질을 벗긴 후 다져서 고명, 떡의 속재료로 사용한다.

⑥ **실깨:** 거피한 참깨를 볶아서 사용한다.

⑦ **석이버섯:** 뜨거운 물에 불려 비벼서 이끼, 배꼽을 떼고 채로 사용한다.

⑧ **호박씨:** 껍질을 벗긴 후 사용한다.

⑨ **해바라기씨:** 껍질을 벗긴 후 사용한다.

1. 떡의 어원

떡이란 곡식 가루를 찌거나, 그 찐 것을 치거나 빚어서 만든 음식을 통틀어 말한다. '떡'의 어원은 '찌다'의 명사형인 '찌기'가 떼기 → 떠기 → 떡으로 변화된 것으로 '찐 것'이라는 의미이다.

떡은 청동기 시대의 유적인 나진초도 패총과 삼국시대의 고분 등에서 시루가 출토된 것으로 보아 원시 농경사회에서 밥을 짓고 죽을 쑤다가 떡을 만들었다고 추측하며 『삼국사기』와 『삼국유사』에도 떡에 관한 이야기가 나온다.

우리나라 문헌에서 떡이 최초로 소개된 조리서는 1670년경 안동 장씨가 쓴 『규곤시의방(음식디미방)』으로 떡을 '편'이라 칭했다. 1809년 여성 실학자 빙허각 이씨의 『규합총서』에서 떡이란 호칭을 썼다.

떡을 일컫는 한자어로는 '고(餻), 이(餌), 자(瓷), 편(片, 䭏), 병이(餠餌), 투(偸), 탁(飥)' 등이 있는데 일반적으로 '병이(餠餌)'라 했다.

『조선무쌍신식요리제법』에 보면 쌀가루를 찐 것은 '이(餌)', 쌀을 쪄서 치는 것은 '자(資)'라 하고, 꿀에 반죽한 것은 '당궤(餹饋)', 가루를 반죽해서 국에 넣고 삶는 것은 '박탁(餺飥)', 찹쌀가루를 쪄서 둥글게 만들어 가운데에 소를 넣은 것을 '혼돈(餛飩)', 쌀가루를 엿에 섞은 것은 '교이(絞餌)', 꿀에 삶는 것은 '탕중뢰환(湯中牢丸)', 밀가루로 만들어 찐 증편을 '부투(餢鍮)', 떡을 얇게 하여서 고기를 싼 것은 '담(餤)'이라 하고, 밀가루를 부풀게 하여 소를 넣은 것은 '만두(饅頭)'라고 기록했다.

2. 떡의 주재료

1) 멥쌀

쌀밥을 지어서 먹는 것으로 배젖이 반투명하고 광택이 돈다. 멥쌀가루를 체에 쳐서 부드럽고 폭신한 질감의 떡을 만든다. (백설기 등)

2) 찹쌀

배젖이 유백색, 희고 불투명하고 전분이 100% 아밀로펙틴으로 구성된다. 점성이 많아 멥쌀보다 굵게 갈고 체에 여러 번 내리지 않는다. (인절미, 찰떡, 경단, 단자 등)

3) 흑미

유색미의 일종으로 검은 진주라 부르며 안토시아닌이 풍부하다. (흑미 설기떡, 흑미 찰떡 등)

4) 찰수수

물을 여러 번 갈아 떫은맛의 탄닌 성분을 없애고 사용한다. (수수경단, 수수부꾸미, 노티떡 등)

5) 조

차조는 모양이 작고 빛깔이 검고 푸르스름한 빛을 띤다. (제주도의 조침떡, 차조쌀떡, 오메기떡 등)

6) 메밀

찬 성분을 가진 곡류로 메밀 전분은 100% 아밀로오스로 구성되며 루틴을 함유한다. (메밀떡, 메밀전병 등)

7) 감자녹말

감자를 갈아서 가라앉힌 앙금을 말려 만든다. (강원도의 감자송편, 감자경단 등)

8) 도토리

쌀가루와 도토리가루를 섞어서 사용하며, 특유의 향과 독특한

식감이 특징이다. 자연 건강식품이다. (도토리가래떡, 도토리총떡, 도토리송편 등)

3. 떡에 멋을 더하는 고물

1) 붉은 팥고물

껍질째 사용한다. (팥시루떡, 무시루떡, 수수 팥경단, 해장떡 등)

2) 거피팥고물

껍질 벗겨 흰색의 떡고물로 이용한다. (두텁떡, 부편 등)

3) 녹두고물

녹색을 띠는 콩으로 '녹두(綠豆), 안두, 길두'라 부른다. 100가지 독을 치유하는 천연 해독제로 찜통이나 시루에 푹 쪄내어 통으로 사용하거나 어레미에 내려서 고운 고물을 사용한다.

4) 동부콩고물

희고 달고 고소한 맛, 가격도 저렴하다. (떡고물 등)

5) 흑임자고물

흑임자를 씻어 물기를 빼고 볶은 후 절구에 빻아 체에 내려서 만든다. (떡고물, 경단 고물, 여름철 시루떡 등)

6) 실깨고물

깨를 볶아 낸 후 그대로 사용한다. (강정 고물, 산자 고물 등)

7) 잣고물

고깔을 떼어 내고 굵게 다지거나 밀대로 민 후 칼날로 곱게 다져 사용한다.

8) 콩고물

노란 콩고물(노란콩), 푸른 콩고물(서리태나 청태)을 사용한다. (인절미, 경단, 다식 등)

4. 떡의 분류

1) 찌는 떡[찐 떡, 증병(蒸餅)]: 시루에 쪄서 완성한 떡, 시루떡

우리나라의 떡 중 가장 많은 종류를 차지하며 곡물가루를 시루에 안치고 솥에 얹어 증기로 쪄낸다. 켜떡, 설기떡, 빚어 찌는떡, 부풀려서 찌는 떡 등

- **켜떡**: 팥시루떡, 무떡, 호박떡, 상추떡, 백편, 깨찰편, 느티떡, 승검초떡 등
- **설기떡**: 무리떡, 백설기, 콩설기, 밤설기, 쑥설기, 무시루떡, 잡과병, 석탄병, 석이떡 등
- **빚어 찌는 떡**: 송편
- **부풀려서 찌는 떡**: 증편, 상화병

2) 치는 떡[친 떡, 도병(搗餅)]: 멥쌀가루나 찹쌀가루를 시루에 찌거나 찹쌀로 밥을 지어 안반이나 절구를 이용해 쳐서 완성한 떡

도정한 멥쌀이나 찹쌀의 알갱이 또는 그 가루를 시루에 쪄낸 후, 열기가 있을 때 절구나 안반(案盤)에서 떡메로 쳐서 만드는 떡이다. 인절미류, 절편류, 단자류, 가래떡류, 개피떡류 등

- **인절미류**: 대추인절미, 쑥인절미
- **절편류**: 쑥절편, 수리취절편
- **단자류**: 석이단자, 쑥단자, 각색단자, 유자단자, 밤단자
- **개피떡류**: 바람떡

3) 지지는 떡[지진 떡, 전병(煎餅)]: 찹쌀가루를 익반죽하여 모양을 내어 기름에 지져서 완성한 떡

- 찹쌀가루를 끓는 물로 익반죽하여 모양을 만들어 기름에 지진 것
- 화전(花煎), 주악[또는 조악(造岳)], 부꾸미, 산승, 기타 전병류 등
- 잔치, 명절에 맨 위에 한두 켜씩 얹어 쓰는 웃기떡용
- 전병류: 서여향병, 메밀총떡, 빙떡, 섭산삼병, 빙자병 등

4) 삶는 떡[(삶은 떡, 경단(瓊團)): 쌀가루를 익반죽하여 둥글게 빚어 끓는 물에 삶아 건져서 완성한 떡

찹쌀가루나 수숫가루를 끓는 물로 익반죽하여 동그랗게 빚거나 구멍떡 모양으로 만들어 끓는 물에 삶아 고물을 묻혀 만든다.
- 수수경단, 삼색경단, 제주도의 오메기떡 등
- 수단(水團), 원소병(圓小餅, 元宵餅, 袁紹餅) 등

5. 시식(時食)과 절식(節食)의 떡

세시 음식은 시식과 절식으로 나눈다.
- 시식(時食): 계절에 따라 나는 식재료로 만든 음식
- 절식(節食): 다달이 명절 절기(節氣)에 맞추어 만들어 먹는 음식
- 통일신라 시대 차 마시는 풍습이 성행함에 따라 진다례 등 다과상이 발달한 것으로 추정된다.

설날	음력 1월 1일	가래떡, 인절미, 절편, 시루떡
정월 대보름	음력 1월 15일	약식, 유밀과, 원소병
단오절	음력 5월 5일	수리취떡, 애엽고, 쑥버무리, 수단, 앵두편
유두절	음력 6월 15일	밀전병, 보리수단, 봉선화화전, 상화병
추석	음력 8월 15일	오려송편, 모시잎송편, 송기송편
중양절	음력 9월 9일	밤떡, 국화화전, 밤단자, 대추인절미, 물호박떡

3
—
베
이
킹

1. 베이킹의 개요

오븐, 화덕, 그릴, 재 등을 이용해 재료를 익히는 건식 조리법으로 케이크, 빵, 쿠키 등을 만드는 과정이다. 제과와 제빵으로 나뉜다.

1) 제과

베이킹파우더, 베이킹소다, 박력분을 사용하고 틀에 반죽을 넣어 구워낸다. 반죽법으로는 크림법, 공립법, 별립법, 블렌딩법, 시퐁법 등이 있으며 대표적으로는 쿠키, 머핀, 구움과자, 슈, 파이, 스콘, 카스테라, 제누와즈, 마들렌, 생크림케이크, 휘낭시에, 무스케이크 등이 있다.

2) 제빵

강력분, 이스트를 넣어 발효과정을 거쳐 성형하여 반죽을 구워낸다. 식빵, 러스크, 브리오슈, 티라미수, 치아바타, 페이스트리, 도넛류, 단과자 등이 대표적이다.

2. 베이킹의 재료

1) 밀가루

베이킹의 주재료로, 글루텐을 함유한다. 글루텐이란 밀단백질에서 생성되는 점성과 탄력을 지닌 물질로 함량에 따라 강력분(13% 이상), 중력분(10~13% 사이), 박력분(10% 이하)으로 나뉜다.

2) 설탕

단맛을 내고 구움색을 향상하며 부드럽고 촉촉한 식감을 제공한다. 이스트의 먹이가 되어 발효를 돕고 노화 늦추는 역할을 한다.

3) 달걀

반죽에 부드럽고 유연성을 제공한다. 제품에 윤기, 색상, 영양을 부여한다.

4) (무염)버터

우유의 지방을 분리하여 숙성한 유제품으로 제품의 풍미를 향상하고, 고소한 맛을 증진한다.

5) 시나몬 파우더

단독으로 사용하기도 하며, 견과류나 과일(사과, 바나나 등)과도 잘 어울린다.

6) 초콜릿

풍미가 뛰어나고 카카오매스 함량에 따라 쌉쌀한 맛이 좌우된다. 종류는 다크, 밀크, 화이트 등으로 다양하다.

- **커버추어 초콜릿**: 반죽에 넣어 초콜릿 맛과 향을 제공
- **코팅용 초콜릿**: 과자, 케이크 위에 코팅 시 사용

7) 우유&생크림

(1) 우유

영양가, 구움색, 촉촉한 식감을 제공한다. 반죽을 부드럽고 매끈하게 만든다.

(2) 생크림

우유의 지방으로 만든 크림으로 식물성과 동물성(유지청, 유지방 35%)으로 나뉜다.

8) 젤라틴과 한천

(1) 젤라틴

동물의 연골에서 추출한 콜라겐 성분으로 푸딩, 무스 등 디저트를 응고시킨다.

(2) 한천

우뭇가사리를 주원료로 하며 양갱, 잼, 젤리 등을 쫄깃하게 굳힌다.

9) 바닐라

향신료의 하나로 제품에 향긋한 향, 고급스러운 맛을 제공하고 비린내를 제거한다. (바닐라 에센스, 바닐라 오일, 바닐라 익스트랙 등)

10) 팽창제

반죽의 맛을 균형 있게 조절하고 발효를 촉진하며 반죽의 구조를 강화한다.

(1) 베이킹파우더

베이킹소다, 산, 전분 혼합물로 무색무취하다. 반죽을 부드럽게 부풀리는 역할을 하며 스콘, 케이크, 마카롱, 브라우니 등에 사용한다.

(2) 베이킹소다

탄산나트륨 100%로 구성되며, 사용 시 산(식초, 레몬, 발효우유 등)이 필요하다. 제품의 식감을 부드럽게 하고 구움색을 생성한다. 머핀, 쿠키, 팬케이크 등을 만들 때 사용한다.

11) 소금

반죽의 맛을 균형 있게 조절하고 구조를 강화하며, 발효를 촉진한다. 제과제빵에는 입자가 고운 소금을 사용한다.

12) 럼&리큐르

(1) 럼

럼은 사탕수수를 발효하여 증류한 술이다. 제과용을 사용한다.

(2) 리큐르

재료의 잡내를 제거하고 향과 맛을 향상한다.

13) 광택제

액상 광택제를 소량 사용하여 과일, 디저트의 표면에 광택이 돌게 하고 신선하게 유지한다.

3. 베이킹의 기본도구

핸드믹서, 저울, 체, 믹싱볼, 식힘망, 밀대, 스크래퍼, 스패출러, 짤 주머니, 거품기, 유산지, 다양한 종류의 틀

저울　　　　믹싱볼　　　　밀대　　　　스패출러

거품기　　　　붓　　　　타르트틀　　　　계량도구

4 — 샌드위치와 샐러드

1. 샌드위치의 정의

샌드위치는 얇게 썬 빵 조각 사이에 챔, 치즈, 잼, 다양한 채소류 등을 끼워서 먹는 음식으로 빵에 버터, 기름, 소스 등을 발라서 풍미와 식감을 높이는 간편 건강식이다.

2. 샌드위치의 유래와 발전

빵 사이에 재료를 넣는 요리는 오래전부터 내려오는 음식이었다. 알렉산드로스 3세의 페르시아 원정에 대한 기록과 로마 시대에 검은 빵 사이에 고기를 끼워 먹었다는 기록이 있고 기원전 1세기 유월절 예배에서 힐렐이 샌드위치를 발명했다는 속설도 있다.

현재와 같은 샌드위치의 명칭은 18세기 영국 샌드위치 가문의 4대 백작인 존 몬태규 백작(1718~1792)이 식사시간을 줄여 도박을 즐기려고 빵에 채소, 고기를 끼워 넣어 간편하게 먹을 수 있는 음식을 개발한 것에서 발단되었다.

샌드위치는 19세기 이후 값싸고 빠른 한 끼 식사 대용식으로 영국과 스페인에서 인기가 높아졌고 항만 노동자에게도 환영받는 음식이 되었다. 1850년에 런던에 햄 샌드위치를 파는 가판대가 성행하고, 네덜란드에서는 양념한 쇠고기와 간을 넣은 샌드위치를 팔았다는 기록이 있다.

3. 샌드위치의 종류

1) 오픈 샌드위치(Open sandwich)

빵 위에 재료를 올려놓는 방식으로 간식, 와인 안주, 애피타이저로 이용, 카나페, 브루스케타 등이 있다.

2) 클로즈드 샌드위치(Closed sandwich)

빵과 빵 사이에 속을 채워 넣는 방식

- 핫 샌드위치(Hot sandwich): 브런치, 빵을 구워서 속 채워 넣은 샌드위치, 한 끼 식사용으로 적합하다. (토스트 등)
- 콜드 샌드위치(Cold sandwich): 차갑게 먹는 샌드위치, 나들이용 도시락으로 적합하며 치즈, 햄, 단단한 채소를 사용한다.

4. 샌드위치의 재료

1) 빵

부드러운 속재료는 부드러운 빵을, 오래 씹어야 하는 재료는 쫄깃한 빵을 선택하고 한번 구워서 만들면 수분이 제거되고 고소한 맛이 더해진다.

식빵, 치아바타, 포카치아, 크루아상, 핫도그번, 잉글리시 머핀, 베이글, 호밀빵, 브리오슈, 깜빠뉴, 피타브레드, 잡곡빵, 페이스트리, 토르티야, 바게트 등이 있다.

(1) 식빵

콜럼버스 시대에 배로 운송하기 편리하도록 만들어진 빵에서 유래했으며, 영국에서 건너온 식빵은 1928년 미국 실리코시 제과에서 처음 상용화되었다. 토머스 에디슨도 토스터를 몇 종류나 고안했을 정도로 인기가 있었다.

밀가루에 물, 효모를 넣고 반죽하여 구워낸 빵으로 가볍고 쫄깃하며 다양하게 응용하여 일상식으로 사용할 수 있다.

(2) 바게트

프랑스어로 '지팡이', '막대빵'이란 뜻이다. 겉은 바삭하고 속은 적당히 수분을 머금어 촉촉하다.

밀가루, 물, 소금, 이스트 등 재료가 단순하고, 발사믹 식초, 올리브유, 생크림과 궁합이 좋다. 카나페, 브루스케티로도 즐긴다.

(3) 치아바타

이탈리아어로 '납작한 슬리퍼'란 뜻이다. 1982년, 파스타에 사용하는 밀가루를 이용하여 개발한 빵으로, 겉은 질기고 단단하며 속은 부드럽고 담백한 맛이 난다.

(4) 포카치아

라틴어 '포쿠스(난로, 화로, 중심)'에서 유래, 이탈리아어로 '불에 구운 것'을 의미한다. 피자의 전신이며, 기원전부터 먹은 것으로 추정한다.

밀가루, 올리브오일, 이스트, 소금, 허브 등을 넣고 납작하게 누른 플랫 브래드로, 샐러드, 브루스케타에 곁들이기도 한다.

(5) 깜빠뉴(캉파뉴)

프랑스어로 '시골빵'이라는 뜻이다. 장식이나 기교 없이 반죽을 동그랗고 크게 만든 빵이다.

(6) 피타브래드

그리스의 전통 빵으로 고대 시리아에서 유래했다.

밀가루, 소금, 물을 재료로 하며, 속이 비어있는 포켓 모양 빵이다. 맛은 단순하며 냉동 보관하면 장기간 저장할 수 있다. (피타포켓, 포켓 피타스 등)

(7) 베이글

밀가루 반죽을 끓는 물에 데치고 굽는 링 모양의 빵으로 쫄깃한 식감과 고소하고 담백한 맛으로 인기 있다. 미국 뉴요커들의 아침 식사로 유명해졌다.

(8) 크루아상

초승달 모양의 페이스트리 종류로 프랑스어 '초승달'이 어원이다. 마리 앙투아네트가 프랑스에 전한 빵으로 겉이 바삭하고 여러 겹의 결이 살아있는 부드러운 빵이다. 아침 식사로 많이 먹는다.

(9) 호밀빵

독일 북부의 호밀로 만든 빵이다. 사워종을 이용하여 발효시켜 신맛이 강하다.

2) 치즈

고단백질, 칼슘, 인, 비타민A, B, 미네랄 등 다양한 영양소가 함유되어 있고, 맛도 풍부하다.

체다, 브리, 에담, 고다, 에멘탈, 카망베르, 파르메산, 모차렐라, 마스카포네, 크림치즈, 페타, 그뤼에르, 그라나파다노, 콜비 등이 있다.

(1) 체다치즈

영국 체다 지역에서 유래된 치즈로 가장 흔하게 쓰인다.

(2) 고다치즈

네덜란드 남부의 가우다 근교에서 200여 년 전부터 만들어 온 연질치즈로, 식사, 디저트, 샐러드에 사용하며 사과, 메이플시럽 등과 어울린다. 치즈의 여왕이라고 불린다.

(3) 모차렐라치즈

나폴리 지방에서 만들며, 피자치즈로 많이 알려졌다. 물소나 소의 젖을 원료로 모차렐라치즈를 만들며, 애피타이저, 샐러드에 주로 이용한다.

(4) 페타치즈

그리스의 대표적인 치즈로, 양젖으로 만든다. 자극적인 맛, 짙은 풍미, 짠맛이 느껴지며 요리, 드레싱, 소스, 샐러드에 이용한다.

(5) 파르메산치즈

이탈리아의 대표적인 치즈로 이탈리아어로는 파르미지아노 레지아노라고 한다. 요리, 샐러드, 피자, 와인 안주로 쓰이며 그레이터나 슬라이서로 갈아서 사용한다.

(6) 고르곤졸라치즈

블루치즈의 일종으로 양젖, 염소유, 우유로 만든다. 대리석 무늬의 푸른곰팡이가 껴 있으며, 부드러운 크림 식감이다.

(7) 그라나파다노치즈

파스타, 샐러드에 이용하며 그레이터로 갈아서 요리, 샐러드에 사용한다.

(8) 마스카포네치즈

신선하고 부드러우며 순한 맛이다 크림치즈케이크, 티라미수, 디저트에 사용한다.

(9) 크림치즈

잼, 마멀레이드 등에 사용하며 연어, 베이글에 잘 어울린다.

(10) 에멘탈치즈

스위스의 대표적인 치즈로 구멍이 숭숭 뚫려있고 톡 쏘는 맛이다. 톰과 제리에 등장하는 치즈이다.

3) 햄, 소시지, 베이컨

육류를 소금에 절인 후 훈연하여 독특한 풍미와 방부성을 지닌 육가공품으로 양질의 지방과 풍부한 단백질을 함유한다.

베이컨, 하몽, 살라미, 프로슈토, 햄, 로스트비프, 소시지, 스팸, 스모크햄, 파스트라미, 터키햄, 치킨 브레스트 등이 있다.

(1) 베이컨

멧돼지를 뜻하는 독일어 '바헨'에서 유래했으며, 소금에 절인 돼지고기를 의미한다. 돼지고기를 이용한 가공 육류 식품으로 건조, 훈연, 삶는 과정을 거친다. 생베이컨, 그린베이컨 등이 있다.

(2) 하몽(하몬)

돼지 뒷다리살을 소금에 절여 1년 이상 건조, 숙성한 스페인 햄이다. 술안주, 보카디요, 우에보스 로토스, 하몽꼰멜론, 스튜, 수프 등에 이용하며 바게트, 과일과도 잘 어울린다.

(3) 살라미

소고기와 돼지고기를 혼합하여 향신료, 소금으로 양념한 후 건조한 것으로 염장 드라이 소시지다. 이탈리아의 제노아 살라미, 코토 살라미가 유명하며 파스타, 파니니, 리소토에 사용한다.

(4) 슬라이스 햄

얇게 썰거나 얇게 만든 햄으로 샌드위치용으로 사용한다.

4) 채소류

탈수기, 키친타월 등으로 수분을 충분히 제거한 후 사용한다. 주로 루꼴라, 로메인, 양배추, 양상추, 딜, 크레송, 치커리, 경수채, 토마토 등을 사용한다.

5) 과일류

아보카도, 블루베리, 딸기 등이 있다.

6) 스프레드, 잼, 소스

주재료의 맛을 더 풍부하게 해주는 재료로 수분의 흡수를 막아 빵이 눅눅해지는 것을 방지하므로 꼼꼼히 바른다.

버터, 마요네즈, 머스터드(프렌치, 홀그레인, 디종), 크림치즈, 케첩, 칠리소스, 페스토, 홀스래디시, 바비큐소스, 각종 과일이나 채소로 만든 잼 등이 있다.

샐러드

---

1. 샐러드의 정의

다양한 채소와 식재료를 양념(드레싱)에 버무려 먹는 요리로 라틴어 '살라트(소금)'에서 온 말이다. 로마에서 생채소에 소금, 올리브유를 뿌려 먹는 것에서 유래했다.

2. 샐러드드레싱 (Salad dressing)

샐러드 소스로 기름이 유화된 것, 식초와 기름이 분리된 것이다.

1) 종류

(1) 마요네즈(Mayonnaise)

프랑스 샐러드 드레싱으로 오일, 난황, 식초, 레몬즙을 섞어 유화시킨 소스

(2) 사우전드 아일랜드(Thousand Island)

마요네즈를 베이스로 해서 케첩, 피클, 오일, 우스터소스, 과일즙, 식초 등을 첨가한 소스

(3) 오리엔탈 드레싱(Oriental D.)

간장, 오일, 레몬즙, 마늘, 식초, 설탕, 후추(깨)를 원료로 한 소스

(4) 발사믹 드레싱(Balsamic D.)

발사믹식초, 오일, 양파, 사과, 마늘, 머스터드, 타라곤, 와인, 소금, 후추를 원료로 한 소스

(5) 이탈리안 드레싱(Italian D.)

오일, 식초, 토마토, 양파, 레몬즙, 소금, 후추(허브, 피클, 설탕)를 원료로 한 소스

(6) 프렌치 드레싱(French D.)

오일, 식초, 양파, 머스터드, 마늘, 소금, 후추를 원료로 한 소스

(7) 크림시저 드레싱(Cream caesar D.)

마요네즈, 멸치, 달걀, 소금, 식초를 원료로 한 소스

(8) 랜치 드레싱(Ranch D.)

무지방 우유(연두부, 샤워크림), 허브, 향신료, 마늘, 양파를 원료로 한 소스

(9) 요거트 드레싱(차지키)

요구르트, 오일, 오이, 딜, 마늘을 원료로 한 소스

(10) 타히니 드레싱(Tahini D.)

깨, 레몬즙, 마늘을 원료로 한 소스

(11) 레몬 드레싱(Lemon D.)

오일, 레몬즙, 꿀, 소금, 후추(마늘, 메이플시럽, 머스터드)를 원료로 한 소스

3. 샐러드의 재료

1) 채소, 허브류

채소는 치커리, 양배추, 양상추, 루콜라, 청경채, 비트잎, 당귀, 경수채, 라디치오, 브로콜리, 아스파라거스, 콜리플라워, 케일, 겨자잎, 쌈배추, 적상추, 셀러리, 적근대, 비타민, 엔다이브, 감자, 연근, 토마토 등을 사용한다.

허브는 딜, 바질, 민트, 고수, 로즈메리, 타임 등을 곁들인다.

2) 과일, 기타

과일은 아보카도, 블루베리, 자몽, 귤, 키위, 파인애플, 사과 등을 주로 사용한다.

이 외에도 호두, 잣, 아몬드 같은 견과류, 해물, 달걀, 육류, 콩, 케이퍼, 안초비 등을 곁들인다.

1. 허브티의 정의

허브티는 일반적으로 찻잎이나 잎 싹을 포함하지 않기 때문에 실제로는 '진정한 차'가 아니라고 할 수 있으나 요즘에는 기호음료를 '차'라고 통칭한다.

향이 있는 허브나 약용식물로 만든 차를 '티젠(Tisane)'이라 하는데 카페인이 없고 몸에 효능이 있다. 티젠은 차나무로 만들지 않고 각종 다양한 식물을 재료로 하여 '대용차'라고도 한다. 나무껍질, 줄기, 뿌리, 꽃, 씨앗, 과실, 잎 등을 사용한다.

2. 허브티의 장점

- 면역 체계 강화
- 알칼리성 식품, 무카페인
- 특유의 향기, 색, 모양
- 스트레스와 긴장, 각성, 해열, 두통의 완화, 소화불량의 개선 등 효과
- 체중 감량 효과
- 알코올, 레몬, 우유, 꿀 등과 함께 사용 가능

3. 허브티의 종류와 효능

1) 딜(Dill)

단맛과 상쾌한 향이 있으며 꽃, 잎, 줄기, 열매를 사용한다. 이뇨제, 완화제로 작용하며 눈 치료, 식욕 증진, 소화 촉진, 발한, 분만 촉진, 살균에도 효과가 있다.

2) 라벤더(Lavender)

라벤더는 47종이 있으며, 주로 허브티 블렌딩 재료로 사용한다. 건조하면 효과가 강력해진다. 항우울, 원기 촉진, 신경 강화, 회복 촉진, 진정에 효과가 있다.

3) 레몬밤(Lemon balm)

그리스의 멜리사(Melissa)에서 유래되어 멜리사 티라고 불린다. 꽃, 잎, 줄기를 사용하며 불안, 우울, 불면, 신경성, 두통에 효과가 있다. 살균제나 방부제로도 쓰인다.

4) 루이보스(Rooibos)

미네랄이 풍부하고 폴리페놀과 같은 강력한 항산화 성분이 다량 함유되어 있다. 암 예방, 염증 감소, 혈액순환 향상, 철분 흡수에 효과가 있다.

5) 로즈힙(Rose hip)

들장미의 열매로 레몬의 60배가 되는 비타민 C가 함유되어 있다. 건조 상태로 향이 날아가지 않도록 밀봉하여 보관한다. 피부 건강, 생리통에 도움이 되고, 골관절염 증상을 줄인다.

6) 미리골드(Marigold)

금잔화, 카렌듈라 라고도 하며 플라보노이드 성분을 함유한다. 항균, 항염작용, 습진에 도움을 주며 피부 진정효과가 있다.

7) 블루 멜로(Blue mallow)

푸른빛의 천연 식용색소로 안토시아닌 성분 때문에 산성과 섞이면 색이 변한다. 천식이나 호흡기질환, 인후통, 안구 건조증에 도움이 되며 피부 미용에도 좋다.

8) 베르가모트(Bergamot)

북아메리카 인디언들이 즐겨 마시던 허브차로 소화불량, 헛배 부름, 산통, 소화불량으로 인한 위 통증, 식욕 부진을 해소한다. 이 외에도 습진, 마른버짐, 여드름, 정맥류성 궤양, 창상, 포진 등에 효과가 있다.

9) 세이지(Sage)

만병통치약으로 알려진 약용식물로 간장병, 변비, 류머티즘, 기억력, 근육통에 효과가 있다.

10) 시나몬(Cinnamon)

달짝지근한 맛이 있으며, 수분대사 조절, 생리통 완화, 염증 감소, 혈당 안정, 뇌 기능 강화, 심장 건강에 효과가 있다.

11) 오레가노(Oregano)

달콤한 향과 톡 쏘는 맛이 있으며 꽃 박하라고도 한다. 해독작용, 두통, 객담, 감기 개선 효과가 있으며, 찜질 시 사용하면 류머티즘에 좋다.

12) 오렌지 필(Orange peel)

말린 오렌지의 껍질로 위 진정효과, 장의 부조개선과 자극, 흥분, 하혈, 구풍 작용에 효과가 있다. 농약과 방부제를 사용하지 않은 오렌지를 사용해야 한다.

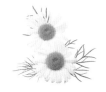

13) 카모마일(Chamomile)

정신을 안정시키는 허브로 감기, 기관지천식, 과민성 위장염에 효과가 있으며 카모마일 향은 정신 안정, 숙면에 도움이 된다.

14) 타임(Thyme)

상큼한 소나무 향과 달콤한 맛으로 꽃과 잎을 사용하며 백리향이라고도 불린다. 방향, 방부, 두통, 빈혈, 우울증 개선에 효과가 있다.

15) 페퍼민트(Peppermint)

상쾌한 향과 매운맛이 나며 '위장의 벗'이라는 별명이 있다. 호흡기질환, 소화불량, 신경통, 신경쇠약, 감기, 두통 등에 효과가 있다.

16) 히비스커스(Hibiscus)

강한 붉은색을 띠며 새콤달콤한 맛으로 체지방을 분해하여 다이어트차로 유명하다. 이 외에도 고혈압, 항산화에 효능이 있고 요산 수치를 낮추어 통풍에 좋다.

1. 수제청의 정의

과일을 일정 비율의 설탕(올리고당, 꿀, 시럽 등)에 잘 버무려 삼투압 현상 등으로 저장성, 향미, 맛 등을 향상한다. 맛있는 청을 담기 위해서는 산(산도/당도 베이스)을 조절하는 것이 관건이다.

과일의 당도는 수확 시기와 출하 시기, 계절에 따라 다르므로 이를 고려하여 재료를 수급한다. 아무리 좋은 재료로 청을 만들었어도 장기간 보관하면 변색하기 쉽다.

2. 수제청의 주재료, 설탕

1) 설탕의 개요

설탕은 사탕수수의 줄기와 사탕무의 뿌리에서 원료를 추출하고 활성탄으로 불순물을 제거하여 만든다. 설탕은 수제청에 단맛, 윤기, 보존성을 부여한다.

설탕은 원당-세당-용해-탈색-여과-재결정-포장 과정을 거쳐 가공하며, 그 과정에서 당분만 남고 섬유질과 영양분은 제거된다. 가공 결과 백설탕 → 황설탕 → 흑설탕 순으로 완성되는데, 덜 가공한 백설탕의 당도가 가장 높다.

2) 설탕의 종류

(1) 흰설탕(정백당)

· 신맛이 나는 과일에 사용하며, 단맛이 강하다. 구매가 쉬우며 저렴하다.

(2) 자일로스 설탕

- 단맛이 강한 과일(파인애플, 오렌지 등)에 사용하며, 단맛이 약해 당뇨 환자나 체중을 조절해야 하는 사람에게 적절하다.

(3) 유기농 설탕

- 브라질산 고이아사 설탕이 대표적이며, 망고청, 레몬생강청, 배도라지생강청, 매실청 등에 적합하다.

3) 설탕 조합

① 설탕당도 100%, 자일로스 설탕, 유기농 설탕 85~75%

② **저당과일청**: 자일로스 설탕을 과일 양의 90% 정도 사용, 레몬즙은 10% 사용

③ **건강과일청**: 유기농 설탕이나 프락토 올리고당을 과일 양의 40% 정도 사용, 알룰로스나 꿀은 10%, 레몬즙 10% 사용하여 한 달 이하로 보관한다.

3. 세척, 보관방법

1) 유리병

병을 흐르는 물에 세척 후 열탕으로 소독한다.

- 냄비에 물을 담아 끓인 후 100℃ 증기로 병을 소독하거나 병을 찬물에 넣고 끓인다.
- 트라이탄이나 내열유리 용기는 끓는 물에 데치듯 끓인다.
- 통기가 잘되는 곳에 바로 세워 자연 건조한다.

2) 플라스틱 통(병)

깨끗이 세척 후 식초 뿌리기 → 키친타월로 닦기 → 20℃ 이상 소주로 알코올 소독 → 자연건조 또는 키친타월로 닦기

- 많은 양의 과일청은 김치통을 소독한 후 담아서 1주일 숙성한 후 열탕 소독한 병에 담아서 보관한다.

3) 과일

(1) 담금물 세척

- 준비된 과일을 1분 동안 물에 담그고 1분 후 물을 버린다.
- 볼에 새로운 물을 받아 저어주면서 약 30초 이상 씻는다.
- 흐르는 물로 여러 번 세척한다.
- 소금, 베이킹소다, 식초 등을 사용할 수 있다.
- 차가운 물과 뜨거운 물을 같은 비율로 넣어 50℃를 만든 후 세척한다.
- 불순물 제거, 단맛 증가, 색상 선명

(2) 열탕세척

- 시트러스 계열 과일을 팔팔 끓는 물에 10~15초 담근 후 왁스를 제거한다.
- 레몬은 굵은 소금으로 표면을 문댄다.

(3) 건조

- 키친타월 등으로 물기를 제거한다.
- 상온에서 자연 건조한다.

4) 보관

(1) 상온보관

- 보통 3개월(저당)~6개월(동량)

(2) 1년 보관

당침 → 기존 레몬청(유자청 등)의 레몬과 동일한 양의 설탕(총무

게의 1/2)을 넣어 녹임 → 소독된 병에 담고 뚜껑을 살짝 얹음 → 과일청을 병목까지 물을 채운 후 냄비에 넣고 끓임 → 끓으면 3분 정도 더 끓임 → 뚜껑을 꽉 닫음

5) 수제청 제조 시 유의사항

용기의 소독	열탕 소독이나 알코올 소독을 했는지 점검한다.
수분	① 과일의 물기는 곰팡이의 주요 원인이 되고 수제청의 보관 기간을 줄이므로 수분을 제거한다. ② 병입 전 유리병에 물기가 남아 있지 않도록 주의하며 용기에 물기가 남아 있다면 말끔하게 제거한다.
당	설탕이 부족한 경우 보존력이 약하여 곰팡이가 피거나 쉽게 부패할 수 있다.
온도	개봉한 후에는 반드시 냉장 보관을 한다. 특히 한여름, 실온에 보관할 경우 발효가 진행되어 끓어 넘치기도 하니 주의한다.
이물질	수제청을 뜰 때는 마른 나무 재질을 사용하는 것이 좋고, 침이나 물 등의 이물질이 들어가지 않도록 주의한다.

전통차

---

1. 차(茶)의 개념

차나무의 순(筍)이나 잎을 재료로 하여 만든 것으로 차나무 이외의 다른 식물을 원료로 해서 만든 차는 '대용차'로 분류했다. 현재는 기호음료를 차라고 부른다.

2. 차의 기원과 역사

1) 차의 기원

(1) 한반도 자생설

· 지리산에 야생 차나무 두루 분포하며, 화계사와 쌍계사에 관련 기록과 전설이 있다.

· 우리나라 서남 해안지방에는 중국 차와는 다른 차나무가 자생하여 사람들이 음용하거나 약으로 썼다.

(2) 중국 전래설

· 『삼국유사』「가락국기」에는 차가 중국 사천성(四川省) 안악(安岳)을 통해 김해로 들어왔다는 기록(김병모, 1991)이 있다.

· 『삼국사기』「흥덕왕조」에 대렴(大廉)이 차의 종자를 가져와 지리산에 심었다는 기록이 있다.

2) 차의 역사

· 기원전 2700년경 중국, 농사의 신인 신농씨가 독초에 중독되었는데 찻잎을 먹고 해독된 것을 깨닫고 인간에게 널리 마시게 한 것에 유래했다는 전설이 있다. 중국에서는 이때부터 차 문화가 발달하기 시작했으며, 녹차 같은 불발효차를 즐겼다.

· 1559년, 베네치아 G.람지오의 『항해와 여행』에 차가 알려진 것이 효시다.

· 1609년, 네덜란드와 영국의 동인도회사는 동양의 차를 유럽으로 운반했다. 영국은 홍차문화 발생지로 최고의 차 소비국이다.

· 1610년, 유럽뿐 아니라 스칸디나비아 제국에 전파되었다.

· 1823년, 영국군 브루스가 인도에서 야생 차나무를 발견하고 학계에 보고했다.

· 1939년, 대엽종 차나무가 귀주, 운남 등에서 발견되어 차의 원산지는 중국 서남부 일대라는 설이 인정되었다.

3. 차의 분류

차는 모양, 잎을 따는 시기나 가공법 등에 따라 맛과 이름이 다르다.

1) 차의 모양에 따른 분류

① **덩이차(단차):** 떡차, 보이차, 벽돌차

② **잎차:** 엽차

③ **섞은차(혼합차):** 자스민차, 현미차

④ **가루차:** 말차

2) 찻잎을 따는 시기에 따른 분류

① **봄 차:** 만물 차(양력 4월 하순~5월 상순), 두물 차(양력 5월 하순~6월 상순)

② **여름 차:** 세물 차(양력 6월 하순~7월)

③ **가을 차:** 끝물 차(처서~백로)

4. 기본 차의 종류

6대 차에는 녹차, 백차, 황차, 오룡차(청차), 흑차, 홍차가 있다.

1) 녹차

· **찻잎의 형태에 따른 분류:** 편평형, 단아형, 직조형, 곡조형, 곡나형, 원주형, 난화형, 찰화형
· **살청과 건조 방식에 따른 분류:** 초청, 홍청, 쇄청, 중청
· **원료 잎의 세기에 따른 분류:** 대중녹차, 고급녹차(세눈녹차)

2) 백차

살청의 과정을 거치지 않고 제조하여 백호가 선명한 미발효차다.

3) 황차

황차는 찻잎과 탕색(湯色)이 황색으로, 민황과정(고온 다습한 장소에서 균의 활동을 통해 가볍게 발효하는 황차 특유의 제다과정)을 통해 제조된 경발효차다.

4) 오룡차

- 반 발효차로 15%에서 70% 정도 발효한다.
- 산화도의 차이에 따라 경(輕)발효와 중(中)발효, 중(重)발효로 나뉜다.

5) 홍차

- 제조방법에 따라 소종홍차, 공부홍차, 홍쇄차 3종류로 분류한다.
- ① **소종홍차:** 중국 복건의 무이산에서 생산하며, 그을음 향기가 특징이다.
- ② **공부홍차:** 가늘고 긴 모양의 기홍과 전홍이 있다.
- ③ **홍쇄차:** 부스러진 과립형 홍차로 인도, 스리랑카, 케냐 등에서 많이 난다. 홍쇄차를 원료로 티백형 홍차를 만든다.

6) 흑차

- 원료의 찻잎을 제조하는 과정 중 혹은 제조 후에 악퇴(渥堆)발효를 거쳐 만든 찻잎으로 후발효차에 해당하며 긴압차의 원료가 된다.

5. 기타 재가공 차류

- 화차, 긴압차, 추출차, 과일차, 약용차, 차음료 등

6. 차의 성분

1) 타닌

타닌은 차의 색깔, 향기, 맛을 좌우하는 성분으로 뜸차(활차, 홍차)는 타닌 성분이 적고 녹차는 함유량이 많다.

2) 카페인

카페인 함량이 많은 차는 찐 차보다는 볶은 차, 일찍 딴 차(일조량 짧음), 해가림 재배차이다.

3) 유리 아미노산

그늘에서 자랐거나 가리개를 씌워 재배한 찻잎이나 아침 안개가 걷히기 전에 딴 차는 유리 아미노산 함량이 많다(고급차). 녹차의 주된 아미노산인 데아닌은 단맛이 난다.

4) 비타민

비타민 A, B, B_2, C, E, 니코틴산 등 함유한다.

5) 무기질과 기타

무기질(미네랄)이 많이 함유된 알칼리성 재료다. 이 외에도 칼륨, 인산, 칼슘, 마그네슘, 나트륨, 불소, 철, 망간 등이 있다.

7. 차의 효능

· 혈소판 응집억제 작용	· 중추 신경계의 작용
· 강심, 이뇨 및 기억력 판단력 증진	· 순환계의 작용
· 평활근과 횡문근의 작용	· 변비의 치료
· 암 발생 억제	· 수렴작용
· 콜레스테롤 저하작용	· 다이어트 효과
· 고혈압을 낮추는 작용	· 노화 억제 효과
· 알레르기 억제	· 당뇨병에 효과
· 스트레스 완화	

7
—
커
피

1. 커피의 탄생과 발전

커피는 수 세기에 걸쳐 다양한 문화와 사회에서 중요한 역할을 하며 발전해 왔다. 아라비아반도에서부터 전 세계로 퍼지면시 수십억의 사람들이 물 다음으로 자주 마시고 대화와 사색, 휴식의 도구로 애용하고 있다.

커피(Coffee)는 에티오피아어 'Kaffa(힘)', '식물에서 나는 포도주'란 의미가 있다. 6세기경 에티오피아의 목동 칼디가 발견했다는 설, 아라비아의 이슬람 승려 오마르가 발견하여 치료에 사용했다는 설, 9세기경 무슬림 화학자인 알 라지크가 발견했다는 설 등 여러 이야기가 전해진다.

에티오피아의 농부들은 오래전부터 커피나무의 열매를 끓여 약으로 사용했으며 12~14세기쯤 예멘에서 잠을 쫓기 위해 농원을 만들어 재배하기 시작되었다. 터키, 이란, 이집트 등 아랍 세계에서 유명해졌으며, 17세기에는 유럽으로 퍼져나갔다. 지식인들의 모임 장소인 커피하우스가 유명해지면서 커피는 세계적으로 모임과 사교를 담당하며 커피를 활용한 다양한 음료가 개발되었고 19, 20세기에 들면서 대중화, 프랜차이즈화되면서 전 세계적으로 확장했다.

우리나라에서는 1896년 고종황제가 러시아 공관에서 커피를 처음 접한 후 덕수궁에서 자주 마셨다고 전해지며, 손탁호텔에서 커피를 최초로 판매했다고 알려졌다. 이후 1903년 YMCA 설립, 1914년 조선호텔, 1923년 후다미, 1927년 이경손의 '카카듀' 복혜숙의 '비너스다방', 1929년 '멕시코다방', 이순석의 '낙랑팔러', 이상의 '제비다방'등이 문을 열면서 문화예술인들의 모임 장소, 사교, 사업장소로 유명해졌다.

1976년 인스턴트커피가 등장하고, 1988년 커피전문점 '자뎅'을 시작으로 1997년 스타벅스 1호점이 오픈하면서 이제 한국인에게 커피는 떼려야 뗄 수 없는 기호음료로 자리잡았다.

2. 커피의 생산과 가공

1) 재배

커피 원두는 주로 적도 근처 북위 28°~남위 30° 사이 커피벨트의 열대 고산지대에서 재배하며 손이나 기계로 수확한다. 브라질, 콜롬비아, 인도, 인도네시아, 케냐 등 60개국에서 생산한다.

2) 처리

건식법(자연건조방식)과 습식법(세척방식), 세미 워시드법, 펄프드 내추럴 방식 등으로 가공한다.

3) 로스팅

로스팅은 원두의 향과 맛을 형성하는 중요한 과정으로 수망, 가스직화, 가스 반열풍식, 열풍식 로스터를 통해 그린빈, 라이트 로스팅(최약배전), 시나몬 로스팅, 미디엄로스팅, 하이 로스팅, 시티 로스팅, 풀시티 로스팅, 프렌치 로스팅, 이탈리안 로스팅(최강배전)으로 분류한다.

4) 성분

단맛(당질), 카페인(쓴맛), 타닌(떫은맛), 신맛(지방산), 수분, 단백질, 에테르 추출물, 섬유질 회분, 유기산 등이 있다.

3. 커피 원두의 품종

아라비카(Arabica)는 커피 생산량의 70~80%에 해당하며, 로부스타(Robusta)는 20~30% 리베리카(Liberica)는 극소량 생산된다.

1) 아라비카

브라질, 콜롬비아, 탄자니아, 코스타리카, 케냐 등에서 생산하며, 해발 800m 이상에서 재배한다. 카투라, 문도노보, 타이피카,

버본, 티모르 등 품종이 다양하며 향미가 우수하고 신맛이 난다.

2) 로부스타

베트남, 인도네시아, 우간다, 카메룬, 인도 등에서 생산한다. 아라비카와는 달리 해발 500m 이하에서도 재배할 수 있으며, 기계화가 쉽다. 쓴맛이 나며, 인스턴트커피의 재료로 사용한다.

3) 리베리카

해발 100m 이하에서도 재배할 수 있다. 쓴맛이 나며, 유통이 거의 되지 않는다.

4. 커피의 추출

1) 원두커피

커피 생두를 로스팅한 것으로 로스팅 후 3~15일 이내 소비해야한다. 진한 색 용기에 밀폐하여 습기나 냄새가 없는 곳에서 보관한다.

2) 추출방식

우려내기, 끓임, 여과, 진공여과, 가압여과 등이 있다.

3) 추출방법

- **핸드드립**: 드리퍼(Dripper), 모카포트(Mocha pot), 사이펀(Siphon) 프렌치프레스(French Press), 칼리타, 핀, 워터 드립 등
- **커피머신(Espresso Machine)**: 반자동, 자동, 수동방식 등
- 체즈베, 더치커피 등

4) 분쇄(Grinding)

커피를 빠르게 추출하기 위한 작업으로 갈기, 비비기, 자르기, 찧기, 압착 등 입자의 크기를 작게 하는 공정을 거친다.

5. 커피의 맛

맛의 요소로는 바디(Body), 신맛(Acidity), 아로마(Aroma), 플래버(Flavor)가 있다.

- 부케(Bouquet), 단맛, 짠맛, 신맛, 쓴맛 등
- 프레그란스: 볶은 커피 향, 달콤하고 톡 쏘는 향
- 아로마: 과일향, 허브향, 너트향
- 노즈: 캐러멜 향, 볶은 견과향, 곡류향
- 애프터 테이스트: 남는 향, 탄맛, 초콜릿 향 등

6. 커피의 장단점

1) 장점

각성과 집중력 향상, 항산화 작용, 우울증 예방, 대사 촉진, 숙취 해소, 체중 조절에 도움이 된다.

2) 단점

카페인 중독, 수면 장애, 소화 문제, 불규칙한 심장 박동, 탈수 등이 있다.

2장

실전 카페 메뉴 레시피

×

세 계 적 으 로
핫 한
한 과

토핑 개성주악

재료

찹쌀가루 600g
밀가루 180g(중력분)
설탕 2Ts
막걸리 100g
물 6Ts
식용유 600g

즙청시럽
조청 2C
물 1/4C
꿀 1/2C
생강 1/2쪽
계피 1개
소금 1꼬집

토핑
초콜릿, 비스킷
건무화과, 딸기, 포도

만드는 법

1   찹쌀가루와 밀가루를 섞어 고운체에 내리고 막걸리에 설탕을 넣고 녹여준다.

2   1에 물을 넣은 후 한 덩어리가 되도록 반죽한다.

3   반죽은 25g씩 동그랗게 빚어주고 젓가락으로 가운데를 뚫어준다.

4   100℃ 기름에 넣고 튀기다가 주악이 떠오르면 130~160℃로 올려서 표면이 갈색이 될 때까지 튀겨준다.

5   튀긴 주악을 체에 올려 기름을 제거 후 식은 집청 시럽에 넣어 굴려서 30분 정도 둔다.

6   주악을 체망에 올려 시럽을 빼준 후 원하는 각종 장식을 해준다.

즙청시럽

1   재료를 넣고 끓기 시작하면 약불로 줄여 10분 정도 더 끓여준다.

퓨전약과

재료

밀가루(중력분) 400g
찹쌀가루 70g
도넛가루 120g
전지분유 15g
달걀(노른자) 170g
설탕 170g
식용유 25g
식용유(튀김용) 600g

즙청시럽
조청 4C
물 1~2C
유자청 3Ts
생강 50g
계피

만드는 법

1   볼에 달걀과 설탕을 넣어 풀어주고 식용유 25g을 넣는다.

2   밀가루, 찹쌀가루, 도넛가루, 전지분유를 섞어 체에 내린다.

3   *2*에 *1*을 섞어서 반죽하여 뭉쳐서 30분 휴지한다.

4   조청에 물과 저민 생강을 넣고 약불에서 5분 정도 끓인 후 식혀서 즙청시럽을 만든다.

5   틀에 기름을 바른 후 반죽을 18~20g씩 계량해 넣고 꾹꾹 눌러서 모양을 잡아 분리한다.

6   110℃의 튀김기름에 넣어 튀기다가 떠오르면 앞뒤로 자주 뒤집어 주며 130℃ 정도까지 올려 색을 낸다.

7   튀겨낸 약과는 즙청시럽에 즙청한다.

 Tip

• 중간틀 기준 50개 정도

오색강정

재료

딸기강정

볶은 백미 50g

딸기가루 2g

올리고당 38g

호박씨 10g

딸기 파인칩 20개

생강강정

볶은 백미 50g

생강가루 2g

올리고당 38g, 호박씨 10g

감태 1장, 볶은 땅콩 10g

오렌지강정

볶은 백미 50g

오렌지가루 2g

  (+ 치자가루 1꼬집)

올리고당 38g, 호박씨 10g

오렌지칩, 크랜베리 10g

녹차강정

볶은 백미 50g, 말차 2g

올리고당 38g, 호박씨 10g

키위칩 10장

자색고구마 강정

볶은 백미 50g

자색고구마가루 2g

올리고당 38g

호박씨 10g, 크랜베리 10g

만드는 법

1   강정틀 밑에 과일칩, 감태 등을 미리 깐다.

2   강불에서 올리고당, 각 가루를 넣어 바글바글 끓인 후 불을 끄고 재료를 넣어 한 덩어리로 뭉쳐지면 약불에 볶는다.

3   강정틀에 2를 주걱으로 나눠서 넣는다.

4   주걱이나 손으로 꾹꾹 눌러 성형한다.

5   타공팬으로 옮겨 한 김 식힌 후 포장한다.

 Tip

• 과일칩 만들기

각각의 과일을 얇게 슬라이스한 후 설탕을 살짝 뿌려 저온에서 건조한다.

호두강정

재료

호두 500g
설탕 100g
물 100g
물엿 50g
식용유 600g
소금 1꼬집

만드는 법

1 소금물을 호두가 잠길 정도로 넉넉하게 넣고 호두를 5분간 삶아낸다.

2 삶은 호두를 찬물에 헹군 다음, 채반에 올려 수분을 제거한다.

3 냄비에 설탕, 물엿, 물을 넣고 가열하여 설탕이 녹으면 2를 넣어준다.

4 약불에서 호두를 저어가며 당실이 생기도록 충분히 조린다.

5 냄비에 식용유를 넉넉히 넣고 130℃에서 호두를 넣어 튀기고 마지막에 160℃로 올려 갈색이 나도록 튀긴다.

6 튀긴 호두를 타공팬에서 식혀 기름기를 제거한다.

Tip

오븐

• 호두는 씻어서 데치고 수분을 제거한다.

• 흑설탕 or 커피가루 넣고 180℃에서 8분 굽는다.

세계적으로 핫한 한과

흑임자 다식

(재료)

흑임자가루 100g

꿀 85g

녹두분말 70g

천연가루(쑥가루, 단호박가루,

  치자가루, 백년초가루, 자색

  고구마가루)

(만드는 법)

1 흑임자가루에 꿀 25g을 섞어 20분간 찐다.

2 꿀 25g을 한 번 더 넣고 섞어 한 덩어리로 만든 후 방망이로 찧어 기름을 낸 후 기름종이로 제거해준다. (*1~2* 과정을 3~4번 반복)

3 녹두분말(녹말)에 꿀 35g을 섞고 천연가루를 넣어 색을 내준 후 반죽하여 한 덩어리로 만든다.

4 다식틀에 식용유를 바르고 흑임자반죽, 녹말반죽으로 채워 단단하게 모양을 내어 다식을 찍어낸다.

Tip

• 실온보관 1주일, 냉동보관 3개월

콩다식

재료

흑임자가루 250g
서리태가루 250g
　(쥐눈이콩, 검은콩)
소금 3g
꿀 300~350g

장식
금가루

만드는 법

1　흑임자가루, 서리태가루, 소금을 섞어 체에 내린다.

2　1에 꿀을 넣어 골고루 섞은 후 한 덩어리로 만든다.

3　14~15g씩 계량해 둥글게 빚는다.

4　둥글게 빚은 콩다식 위에 금가루를 올려준다.

Tip

• 초콜릿 상자에 속지를 넣고 하나씩 넣어 포장한다.

매작과 · 타래과

재료

중력분 320g
생강 40g
치자 1개
백년초가루 3g
말차가루 2g
소금
식용유 600g

흰색

중력분 80g
소금 약간
생강물 4Ts

노란색

중력분 80g
소금 약간
다진 생강 2Ts
치자물 4Ts

핑크색

중력분 80g
소금 약간
생강물 4Ts
백년초가루 3g

초록색

중력분 80g
소금 약간
생강물 4Ts
말차가루 2g

만드는 법

1. 다진 생강 40g과 물 100mL를 넣고 30분간 우린 후 내려 물만 쓴다.

2. 치자 1개와 물 70mL를 넣고 30분간 우린 후 다진 생강 2Ts을 넣고 체에 내려 물만 쓴다.

3. 밀가루, 소금을 넣고 체에 내린 후 색상별로 재료를 넣고 반죽하여 냉장고에서 30분간 숙성해준다.

4. 숙성된 반죽에 덧가루 뿌린 후 0.2~0.3cm 두께로 밀어준다.

5. 4에 색상 2가지를 맞추어 겹친 후 0.2~0.3cm 밀어준다.

6. 5를 2cm×5cm 길이로 자르고 반으로 겹친 후, 중앙에 칼집을 길게 1개, 그 양쪽으로 절반 길이의 칼집 2개를 낸 다음, 긴 칼집 속으로 반죽을 넣고 뒤집어 모양을 내준다.

7. 냄비에 설탕 1C, 물 1C을 붓고 강불에 끓여서 시럽을 만든다.

8. 130℃의 식용유에 6을 넣고 서서히 뒤집어 가면서 튀긴다.

9. 튀긴 매작과는 끓여 놓은 시럽을 묻혀 완성한다.

세계적으로 핫한 한과

십전대보 도라지정과 칠절판

재료

탈피 도라지 2.4kg
조청 2kg
꿀 290g
소금 1ts
십전대보가루 20g

만드는 법

1 냄비에 도라지와 소금물을 자작하게 하여 삶은 후 도라지를 헹구어 물기를 제거한다.

2 도라지, 조청을 넣고 4시간 정도 조린 후 하루 정도 식히는 과정을 총 3회 (3일 정도) 반복한다.

3 꿀, 십전대보가루를 넣어서 끓인 후 체망에 도라지를 올려 조청시럽이 빠지도록 하고 건조한다.

4 3을 으깨고 견과류를 첨가해서 7가지 모양을 만든다.

Tip

• 강란, 율란, 조란 각종 모양 만들기 (7가지 모양)

꽃정과

재료

마정과

마 200g

물엿 250g

설탕 50g

무정과

무 200g

물엿 250g

설탕 63g

당근정과

당근 200g

물엿 250g

설탕 63g

인삼정과

인삼 200g

물엿 250g

설탕 50g

사과정과

사과 200g

물엿 250g

설탕 63g

천도복숭아 정과

천도복숭아 200g

물엿 250g, 설탕 63g

배정과

배 200g

물엿 250g, 설탕 63g

만드는 법

1   단단한 재료를 2~3mm 두께로 슬라이스한다.

2   각 재료에서 설탕의 60% 정도를 1에 두 번씩 나눠 넣고 재운 다음, 과육이 투명해지면 체망에 과즙시럽을 받는다.

3   뜨거운 물을 부어 재료 표면의 설탕을 제거한다.

4   2에 나머지 설탕과 물엿을 넣어 끓인 후 과육을 조금씩 나누어 넣어 재빨리 건져낸다.

5   건조기 70℃에 1~3시간 정도 건조한다.

6   색이 짙고 길이가 긴 정과를 중심으로 잡고 가장자리로 갈수록 연한색 정과를 붙여서 꽃모양으로 조립한다.

금귤정과

재료

금귤 600g
설탕 200g
물엿 200g
물 200g

만드는 법

1   금귤을 깨끗이 씻어 꼭지를 이쑤시개로 제거한다.

2   **럭비모양** : 반으로 잘라 씨 제거 후 설탕을 넣고 버무려 당침한다.

   별모양 : 8등분한 칼집 사이로 설탕을 넣고 버무려 당침 후 씨를 제거한다.

   통모양 : 이쑤시개로 여러 군데 구멍을 낸 후 설탕을 넣고 버무려 당침한다.

3   냄비에 물엿과 물을 넣고 센 불에 바글바글 끓이다가 불을 끈 후 (뜨거울 때) 절여놓은 금귤을 넣고 3~4시간 둔다.

4   중약불에서 서서히 불을 올려 5~10분 정도 끓인 후 불을 끄고 3~4시간 완전히 식힌다.

5   끓이고 식히고 3회 반복한다.

6   금귤정과를 체반에 올려 실온건조 후 건조기 40~60℃에 2~3시간 정도 건조한다.

7   실온 또는 냉동보관한다.

통무화과 정과

재료

생무화과(청무화과) 1kg
설탕 100g
올리고당 400g(or 물엿)
꿀 200g

만드는 법

1   생무화과를 흐르는 물에 씻은 후 꼭지와 줄기 부분을 가위로 짧게
    자른다.

2   설탕, 올리고당을 넣고 설탕이 녹을 정도로 끓인다.

3   2에 무화과를 넣고 끓으면 약불로 줄여 10분 더 끓인다.

4   3이 완전히 식으면 약불에서 끓이고 식히기를 4회 반복한다.

5   마지막 과정에 꿀을 넣고 중불에서 5분간 윤기날 때까지 끓인다.

6   체망에 무화과를 올려 시럽을 충분히 뺀 다음, 건조기에서 70℃로
    6시간 건조한 후 충분히 식힌 다음, 6시간 더 건조한다.

Tip

• 청무화과는 씨알이 작지만 식감이 쫄깃하다.

곶감단자

재료

건시 15~20개
호두 300g
대추 300g
유자청 300g
금가루

만드는 법

1 호두는 살짝 데쳐서 찬물에 헹군 후 팬에 볶아 잘게 다진다.

2 대추는 돌려깎아 씨를 빼준 후 채 썰고 유자청은 다진다.

3 건시의 꼭지를 떼어내고 씨를 꼼꼼히 제거한다.

4 건시 속살, 호두, 대추, 유자청을 섞어 소를 만든다.

5 건시 속에 재료를 꽉꽉 채운 후 모양을 낸다.

6 곶감단지 윗부분에 금가루 장식을 한다.

세계적으로 핫한 한과

한라봉청 양갱

재료

한천 2g
물 130g
설탕 48g
백앙금 180g
한라봉청 18g
한라봉퓌레 40g
레몬즙 1/3ts

주황색 색소
홍곡쌀가루 + 치자

만드는 법

1 냄비에 분량의 한천과 물을 넣고 저은 후 10분간 둔다.

2 한천물에 설탕을 넣고, 설탕이 녹고 기포가 생길 때까지 끓여준다.

3 불을 끄고 앙금을 넣어 주걱으로 풀어준 뒤 중약불에서 끓인다.

4 농도가 생기면 부재료를 넣고 걸쭉해질 때까지 끓인다.

5 실리콘 몰드에 양갱을 붓고 윗면을 정리한다.

6 굳기 전에 윗면에 각종 토핑을 해준다.

Tip

• 각종 청, 퓌레, 가루, 즙으로 응용할 수 있다.

월병

재료

반죽
실온 달걀 1개(약 52g)

설탕 58g

소금 1꼬집

연유 30g

무염버터 30g

박력분 30g

아몬드가루 56g

달걀노른자 1개 + 물 1Ts
(바르는 용)

소
백앙금 310g

호두 60g

피칸 50g

만드는 법

1 달걀을 풀고 설탕, 소금, 연유를 넣어 설탕이 녹을 때까지 젓고 중탕한 버터를 섞는다.

2 박력분, 아몬드가루를 체쳐서 날가루가 보이지 않을 때까지 주걱으로 자르듯이 섞어준 후 한 덩어리로 뭉쳐준다.

3 반죽에 랩을 씌운 후 냉장고에서 1~2시간 휴지한다.

4 피칸, 호두를 오븐팬에 넓게 펼쳐 170℃에서 10분간 노릇하게 구운 다음 식힘망에 한김 식혀 잘게 다진다.

5 백앙금을 가볍게 풀어 견과류를 넣고 소 30g을 분할하여 동그랗게 빚어 랩을 씌운 후 냉장고에 보관한다.

6 냉장휴지한 반죽을 25g씩 분할하여 반죽 위에 소를 넣은 후 동그랗게 감싼다.

7 식용유를 바른 월병몰드에 반죽을 넣고 눌러 모양을 찍는다.

8 190℃에서 5분간 구운 후 오븐에서 꺼낸 다음, 달걀노른자 물을 윗면에 붓으로 발라 180℃에서 15~18분간 구워 식힌다.

세계적으로 핫한 한과

꼬부리오란다

재료

플레인

조청 95g

설탕 25g

버터 15g(실온버터)

크랜베리

조청 110g

설탕 25g

버터 15g

카페모카

조청 90g

설탕 10g

버터 15g

커피시럽 10g

흑임자

조청 95g

설탕 25g

버터 15g

흑임자페이스트 35g

유자

조청 95g

설탕 25g

버터 15g, 유자차가루 7g

감태

조청 95g, 설탕 25g

버터 15g

감태가루 7g

감태김 소량

만드는 법

1. 조청, 설탕, 버터를 넣고, 설탕이 녹을 때까지 바글바글 끓인다.

2. 꼬부리를 넣고 실이 보일 때까지 저으면서 볶는다.

3. 틀 밑에 토핑용 재료를 미리 깐 후 2를 주걱으로 나누어 넣는다.

4. 굳기 전에 손으로 꾹꾹 눌러 모양을 잡으면서 성형한다.

남 녀 노 소
반 하 는
떡

커피설기

재료

멥쌀가루 5C
소금 1/2Ts
설탕 6Ts
물 적정량
믹스커피 25g
버터 25g
아몬드가루 50g
우유 50g

중간 필링

흑설탕 60g
멥쌀가루 20g
호두 3개

만드는 법

1 버터는 상온에 준비해두고 믹스커피는 소량의 뜨거운 물에 푼다.

2 멥쌀가루에 소금, 아몬드 가루를 넣고 커피, 버터, 우유를 넣어 수분 주기한 다음, 부족한 수분은 물로 하여 체에 내린다.

3 호두는 다져 흑설탕, 멥쌀가루와 섞어 중간 필링을 만든다.

4 준비된 쌀가루에 설탕을 넣고 섞는다.

5 찜기에 쌀가루, 중간 필링, 쌀가루를 넣어 윗면을 평평하게 정리한다.

6 김 오른 물솥에 찜기를 올려 20분 찌고 5분 뜸을 들인다.

Tip

- 설기의 수분 주기가 잘됐는지 확인하는 방법은 체에 내린 쌀가루를 한 줌 가볍게 쥐어 뭉쳐 던졌을 때 부서지지 않고 손가락으로 눌렀을 때 두세 조각으로 부서지면 적당하다.
- 커피의 쓴맛을 중화하기 위해 설탕을 다른 설기에 비해 많이 사용한다.

흑임자잣설기

재료

멥쌀가루 5C
소금 1/2Ts
설탕 5Ts
물 적정량
흑임자가루 50g
잣가루 10g

장식

잣, 호박씨, 솔잎

만드는 법

1 멥쌀가루에 소금, 흑임자가루, 잣가루를 넣어 물로 수분 주기한 후 체에 내린다.

2 멥쌀가루 반죽에 설탕을 넣고 고루 섞은 후 찜기에 넣어 직사각형 모양으로 칼금을 넣는다.

3 장식 재료를 이용하여 윗면을 꾸민다.

4 김 오른 물솥에 찜기를 올려 20분 찌고 5분 뜸을 들인다.

호박송편

재료

멥쌀가루 5C
소금 1/2Ts
물 적정량
단호박 300g
녹차가루 약간

소
밤조림

참기름 + 포도씨유

만드는 법

1 단호박은 씨와 껍질을 제거하고 찜기에 20분 찐 후 뜨거울 때 체에 내린다.

2 멥쌀가루는 소금을 넣고 체에 한 번 내린 후 반으로 나누어 찐 단호박을 넣고 반죽한다.

3 나머지 반은 녹차가루를 넣고 익반죽한다.

4 단호박 반죽을 조금씩 떼어 밤조림을 넣고 호박 모양을 만든 후 녹차 반죽으로 호박 넝쿨과 잎을 만든다.

5 김 오른 물솥에 찜기를 올려 20분 찐 후 찬물에 담가 빨리 식힌 다음 기름을 바른다.

Tip

• 호박의 골을 깊이 넣어줘야 찐 후에 모양이 예쁘다.
• 소가 단단해야 골을 깊이 넣을 수 있으며 호박 모양을 만들기 쉽다.

조개송편

재료

멥쌀가루 5C
소금 1/2Ts
물 적정량
쑥가루 5g

콩소
검은콩 150g
설탕 2Ts
물엿 1Ts
소금 약간

참기름＋포도씨유

만드는 법

1   멥쌀가루는 소금을 넣고 체에 한 번 내린 후 반으로 나눈다.

2   멥쌀가루 반은 물로 익반죽하고 나머지 반은 쑥가루를 넣고 익반죽한다.

3   냄비에 불린 콩과 소금을 넣고 넉넉한 물에 삶아 익힌 후 설탕, 물엿을 넣고 졸여 콩소를 준비한다.

4   흰쌀가루 반죽과 쑥쌀가루 반죽을 반반씩 조금 떼어 콩소를 넣고 조개 모양을 만든다.

5   김 오른 물솥에 찜기를 올려 20분 찐 다음, 찬물에 담가 빨리 식힌 후 기름을 바른다.

Tip

• 쑥가루를 조금 진하게 사용해야 조개 느낌을 살릴 수 있다.
• 쑥가루 대신 흑임자가루를 사용해도 좋다.
• 흑임자 앙금을 소로 사용해도 좋다.

둥근꽃송편

재료

멥쌀가루 5C
소금 1/2Ts
물 적정량
딸기가루, 녹차가루, 단호박
　가루, 백년초가루 적당량

깨소
깨소금 30g
황설탕 10g
꿀, 소금 약간

참기름＋포도씨유

만드는 법

1　멥쌀가루는 소금을 넣고 체에 한 번 내린 후 5등분 하여 각각에 천
　연가루를 넣고 익반죽한다.

2　원하는 색의 반죽을 조금씩 떼어 깨소를 넣고 둥근 모양을 만든다.

3　다른 색 두 가지 반죽을 밀대로 밀어 꽃 모양틀로 찍은 후 둥근 모
　양의 송편 반죽 위에 올린다.

4　김 오른 물솥에 찜기를 올려 20분 찐 다음, 찬물에 담가 빠르게 식
　힌 후 기름을 바른다.

Tip

• 꽃잎은 한 장보다 두 장을 올려야 예쁘다.
• 열에 약한 천연가루는 떡을 찐 후 첨가해야 색이 곱다.
• 송편 만들 때 속의 공기를 확실히 빼줘야 찔 때 터지지 않는다.

복숭아 송편

재료

멥쌀가루 5C
소금 1/2Ts
물 적정량
딸기가루, 녹차가루 적당량

건과일소
건크랜베리, 꿀

참기름 + 포도씨유

만드는 법

1 건크랜베리는 불린 후 곱게 다져 꿀을 넣고 둥글게 빚어 준비한다.

2 멥쌀가루는 소금을 넣고 체에 한 번 내린 후 소량을 남겨두고 반으로 나눈다.

3 멥쌀가루 반은 물로 익반죽하고 나머지 반은 딸기가루를 넣고 익반죽한다.

4 소량 남겨둔 쌀가루에는 녹차를 넣고 익반죽한다.

5 흰쌀가루 반죽과 딸기쌀가루 반죽을 반반씩 조금 떼어 소를 넣고 복숭아 모양을 만든 후 녹차쌀가루 반죽으로 잎을 만들어 붙인다.

6 김 오른 물솥에 찜기를 올려 20분 찐 다음, 찬물에 담가 빠르게 식힌 후 기름을 바른다.

남녀노소 반하는 떡

매화송편

재료

멥쌀가루 5C
소금 1/2Ts
물 적정량
딸기가루, 단호박가루 적당량

잣소
통잣

참기름 + 포도씨유

만드는 법

1 멥쌀가루는 소금을 넣고 체에 한 번 내린 후 소량을 남겨두고 반으로 나눈다.

2 멥쌀가루 반은 물로 익반죽하고 나머지 반은 딸기가루를 넣고 익반죽한다.

3 소량 남겨둔 쌀가루에는 단호박가루를 넣고 익반죽한다.

4 흰쌀가루 반죽과 딸기쌀가루 반죽을 조금씩 떼어 잣소를 넣고 매화 꽃잎 5개를 만든 후 단호박쌀가루 반죽을 작고 둥글게 만들어 꽃 중앙에 붙인다.

5 김 오른 물솥에 찜기를 올려 20분 찐 다음, 찬물에 담가 빠르게 식힌 후 기름을 바른다.

Tip

• 흰색과 딸기색이 조금씩 보이게 섞어야 완성품이 예쁘다.
• 소를 넣은 매화 꽃잎 한 개의 크기는 엄지손톱 정도의 크기로 만들어야 예쁘다.

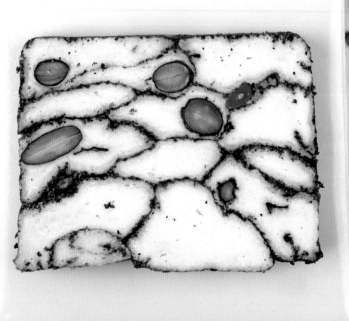

흑임자 구름떡

재료

찹쌀가루 5C
소금 1/2Ts
설탕 5Ts
물 적정량
불린 서리태 100g
설탕, 소금 약간
흑임자가루 200g
설탕 시럽

만드는 법

1   불린 서리태가 잠길 정도로 물을 붓고 삶아 설탕, 소금을 약간 넣고 조린다.

2   찹쌀가루는 소금 1/2Ts 넣고 체에 한 번 내린 후 설탕 5Ts을 넣고 수분 주기를 한 다음, 서리태를 넣어 섞는다.

3   김 오른 물솥에 찹쌀가루를 올려 25분 찐 후 꺼내어 한 덩어리가 되도록 치댄다.

4   치댄 떡을 소분하여 흑임자가루를 묻힌 후 사각 틀에 넣으면서 덩어리 사이사이 시럽을 바른다.

5   냉동에서 굳힌 후 꺼내어 1cm 정도의 두께로 썬다.

Tip

- 자른 떡 단면의 무늬가 구름처럼 보인다고 해서 붙여진 이름이다.
- 흑임자가루 대용으로 팥가루를 사용해도 좋다.
- 찰떡의 반죽은 찹쌀가루 : 물 = 1C : 1/2Ts 정도가 적당하다.

오색 구름떡

재료

찹쌀가루 5C
소금 1/2Ts
설탕 5Ts
물 적정량
단호박가루, 자색고구마가루,
　쑥가루, 백년초가루 적당량
호두 50g
잣 20g
밤 3개
대추 10개
흑임자가루 200g
설탕 시럽

만드는 법

1 대추는 씨를 제거하고 돌돌 말아 준비하고 호두는 끓는 물에 삶아 헹궈 굵게 다지고 밤은 적당한 크기로 자른다.

2 찹쌀가루는 소금을 넣고 체에 한 번 내린 후 설탕을 넣고 5등분으로 나눈다.

3 등분한 찹쌀가루에 수분 주기하고 각각의 천연가루와 호두, 밤, 잣을 골고루 넣고 섞는다.

4 김 오른 물솥에 찹쌀가루를 올려 25분 찐 후 꺼내어 한 덩어리가 되도록 치댄다.

5 치댄 떡을 소분하여 대추말이를 중간에 넣고 흑임자가루를 묻힌 후 사각 틀에 넣으면서 덩어리 사이사이 시럽을 바른다.

6 냉동에서 굳힌 후 꺼내어 1cm 정도의 두께로 썬다.

 Tip
• 대추는 쪄낸 후 넣어야 예쁘다.

보랏빛 향이 건강을 지켜주는

블루베리말이 찰떡

재료

찹쌀가루 5C
소금 1/2Ts
설탕 5Ts
블루베리즙 60g

거피팥고물
거피팥 300g
설탕 60g
소금 약간

만드는 법

1 거피팥은 충분히 불린 후 찜기에 40분 찐 다음, 체에 내려 팬에 볶아 수분을 날리고 소금, 설탕을 넣는다.

2 블루베리는 믹서에 갈아서 즙만 준비한다.

3 찹쌀가루는 소금, 설탕을 넣고 체에 한 번 내린 후 블루베리즙을 넣고 수분 주기를 한다.

4 김 오른 물솥에 찹쌀가루를 올려 25분 찐 후 꺼내어 한 덩어리가 되도록 치댄다.

5 넓은 쟁반에 랩을 깔고 거피팥고물을 깐 후 찰떡 반죽을 펴고 다시 거피팥고물로 덮어 둥글게 만다.

6 냉동에서 굳힌 후 꺼내어 1cm 정도의 두께로 썬다.

 Tip

• 찰떡 반죽을 얇게 펴야 완성품이 예쁘다.

상큼한 사과 맛을 품고 있는

사과단자

재료

찹쌀가루 5C
소금 1/2Ts
설탕 5Ts
물 적정량
딸기가루 5g

소
거피팥고물 200g
사과 정과 100g
꿀 약간

장식
코코넛가루, 호박씨, 대추,
사과 정과

만드는 법

1   찹쌀가루에 소금, 설탕, 딸기가루를 넣고 체에 한 번 내린 후 수분 주기를 한다.

2   김 오른 물솥에 찹쌀가루를 올려 25분 찐다.

3   거피팥고물과 다진 사과 정과를 섞어 꿀로 농도를 맞춘 후 둥글게 소를 만들어 둔다.

4   찐 찹쌀 반죽은 꺼내어 한 덩어리가 되도록 치댄다.

5   치댄 반죽은 적당량 소분하여 소를 넣고 사과 모양으로 빚은 다음, 코코넛가루를 묻히고 대추, 호박씨, 사과 정과로 장식한다.

Tip

• 사과 정과는 홍옥으로 만들면 색이 곱다.

남녀노소 반하는 떡

생강계피 단자

재료

찹쌀가루 5C
소금 1/2Ts
설탕 5Ts
물 적정량
생강즙 20g
계핏가루 6g

생란소
생강 100g
계핏가루 4g
설탕 100g
꿀 약간

대추계피 고물
대추 20개
계핏가루 4g

장식
호박씨, 잣, 대추, 흑임자 등

만드는 법

1 찹쌀가루에 소금, 설탕, 생강즙, 계핏가루를 넣고 체에 한 번 내린 후 수분 주기를 한다.

2 김 오른 물솥에 찹쌀가루를 올려 25분 찐다.

3 생강은 강판에 갈아 앙금을 내려 두고 건지는 냄비에 설탕과 물을 넣고 충분히 졸인 후 생강 앙금, 꿀을 넣고 생란소를 만든 후 둥글게 성형한다.

4 대추는 씨를 제거하고 곱게 다진 후 계핏가루와 섞어 대추계피 고물을 만든다.

5 찐 찹쌀 반죽은 꺼내어 한 덩어리가 되도록 치댄다.

6 치댄 반죽은 적당량 소분하여 소를 넣고 직사각 모양으로 빚은 후 대추계피 고물을 묻히고 윗면을 장식한다.

Tip

• 생강즙과 계핏가루를 기호에 따라 가감한다.

떡 샌드위치

재료

멥쌀가루 2C
찹쌀가루 1/2C
소금 3g
버터 15g
연유 25g
우유 적당량

샌드위치 소
양배추 50g
감자 1개
오이 1토막
햄 20g
옥수수 콘 20g
마요네즈 20g
머스터드 5g
소금, 설탕 적당량

만드는 법

1 멥쌀가루, 찹쌀가루에 소금을 넣고 체에 한 번 내린 후 버터, 연유를 섞고 우유로 수분 주기를 한다.

2 쌀가루를 사각 틀에 넣어 윗면을 평평하게 정리한 후 칼금을 넣는다.

3 김 오른 물솥에 찜기를 올려 20분 찌고 5분 뜸을 들인다.

4 감자는 삶아 으깨고 양배추, 오이는 채 썰어 소금에 절인 후 수분을 제거하고 햄은 작게 썰고 옥수수 콘은 수분을 제거한다.

5 샌드위치 소 재료를 한 그릇에 담아 마요네즈, 머스터드, 소금, 설탕을 넣어 준비한다.

6 찐 떡은 한 김 식힌 후 소를 넣어 샌드위치를 완성한다.

떡 맛탕

재료

가래떡 200g
녹말가루 100g
식용유 800mL
설탕 100g
참깨, 검은깨 적당량

만드는 법

1 가래떡은 끓는 물에 데치고 찬물에 헹궈 부드럽게 만든다.

2 가래떡에 녹말을 묻힌 후 기름에 두 번 튀긴다.

3 팬에 설탕과 식용유를 조금 넣어 설탕 시럽을 만든 후 튀긴 떡을 넣고 재빨리 버무린다.

4 식기 전에 깨를 묻힌다.

도토리 부꾸미

재료

찹쌀가루 2C
도토리가루 1C
소금 3g
식용유

소
고운 적앙금 100g
잣 적당량

장식
대추, 쑥갓, 석이버섯, 잣

설탕 시럽

만드는 법

1 찹쌀가루에 도토리가루, 소금을 넣고 체에 한 번 내린 후 익반죽한다.

2 고운 적앙금에 다진 잣을 적당량 넣고 뭉쳐 긴 모양의 소를 만든다.

3 부꾸미 반죽을 적당량 소분하여 둥글납작하게 모양을 잡아 기름 두른 팬에 지진다.

4 반죽이 익으면 뒤집어 소를 넣고 반을 접는다.

5 지진 떡 위에 장식한 후 시럽을 뿌려낸다.

보리술떡

재료

보리떡가루 믹스 400g
막걸리 70g
우유 150g
삼색 콩배기 250g

만드는 법

1 보리떡가루 믹스는 체에 내린다.

2 막걸리는 중탕한다.

3 보리떡가루에 막걸리와 우유를 넣어 반죽을 만든 후 삼색 콩배기
   를 넣는다.

4 3을 반죽틀에 넣은 후 공기를 빼준다.

5 김 오른 물솥에 찜기를 올려 20분 찐다.

바람떡

재료

멥쌀가루 5C
찹쌀가루 5Ts
소금 1/2Ts
설탕 시럽 적정량
　(설탕 1 : 물 3)
단호박가루, 백련초가루, 녹차
　가루, 비트가루, 자색고구마
　가루 등

소

거피팥고물 300g
계핏가루 5g
꿀 적정량

참기름 + 포도씨유

만드는 법

1　멥쌀가루에 찹쌀가루, 소금을 넣어 체에 한 번 내린 후 설탕 시럽으로 익반죽한다.

2　김 오른 물솥에 찜기를 올려 20분 찐다.

3　거피팥고물, 계핏가루, 꿀을 섞어 소를 동그랗게 준비한다.

4　쪄낸 반죽에 천연가루를 넣어 색을 입힌다.

5　떡 반죽을 3mm 두께로 밀어 소를 넣고 반을 접은 후 바람떡 틀을 이용하여 반달 모양으로 찍어낸다.

6　바람떡에 기름을 바른다.

 Tip

• 개피떡이라고도 한다.
• 결혼식 날에 바람떡을 만들어 먹게 되면 신랑·신부가 바람이 난다는 속설 때문에 결혼식에 금하기도 한다.
• 모양 쿠키틀로 꽃모양, 나뭇잎 모양을 찍어 붙이면 예쁘다.

과일 찹쌀떡

재료

찹쌀가루 5C
소금 1/2Ts
설탕 시럽 적정량
　(설탕 1 : 물 3)

소
팥앙금 200g
딸기, 귤, 바나나 등

고물
코코넛가루

만드는 법

1　찹쌀가루에 소금을 넣어 체에 한 번 내린 후 설탕 시럽으로 익반죽한다.

2　김 오른 물솥에 찜기를 올려 25분 찐다.

3　과일은 둥근 모양으로 손질한 후 팥앙금으로 반을 감싼다.

4　쪄낸 찹쌀가루를 충분히 치대어 윤기가 나도록 한 후 적당량을 떼어 둥글납작하게 빚은 다음, 과일을 넣고 감싼다.

5　코코넛가루를 묻힌다.

Tip

• 수분이 너무 많은 과일은 만들기 불편하다.
• 과일 전체에 앙금을 덮으면 너무 단맛이 강할 수 있다.

쌈떡

재료

멥쌀가루 5C
찹쌀가루 5Ts
소금 1/2Ts
설탕 시럽 적정량
　(설탕 1 : 물 3)
단호박가루, 백련초가루,
　쑥가루 적당량

소
백옥앙금 240g
다진 호두

참기름 + 포도씨유

만드는 법

1　멥쌀가루에 찹쌀가루, 소금을 넣어 체에 한 번 내린 후 4등분을 한다.

2　1에 천연가루를 넣고 설탕 시럽으로 익반죽한다.

3　김 오른 물솥에 찜기를 올려 20분 찐다.

4　호두는 끓는 물에 데쳐 헹군 후 수분을 제거하고 굵게 다진 다음, 백옥앙금과 섞어 동그랗게 소를 준비한다.

5　쪄낸 떡 반죽은 윤기가 나도록 치댄 후 밀대로 밀어 정사각형으로 자른다.

6　다른 색의 사각 반죽 두 개를 겹친 후 소를 넣고 네 귀퉁이를 붙여 쌈떡 모양을 만든다.

7　남은 반죽으로 꽃 모양을 찍어 올린 후 기름을 바른다.

Tip

• 두 개의 사각 반죽 중 하나는 다른 사각 크기보다 5mm 정도 작게 하여 큰 사각형에 소를 넣고 싸야 예쁘다.

남녀노소 반하는 떡

잎새쌈떡

재료

멥쌀가루 5C
찹쌀가루 5Ts
소금 1/2Ts
데친 쑥 100g
설탕 시럽 적정량
  (설탕 1 : 물 3)

소
춘설앙금 300g

참기름 + 포도씨유

만드는 법

1 쑥은 끓는 소금물에 살짝 데쳐 헹군 후 물기를 제거하고 최대한 곱게 다진다.

2 멥쌀가루에 찹쌀가루, 소금을 넣어 체에 한 번 내린 후 데친 쑥을 넣고 설탕 시럽으로 익반죽한다.

3 김 오른 물솥에 찜기를 올려 20분 찐다.

4 춘설앙금은 소분하여 소를 준비한다.

5 쪄낸 떡 반죽은 윤기가 나도록 치댄 후 밀대로 밀어 잎새 모양틀로 찍어낸다.

6 잎새 모양 위에 소를 놓고 감싼다.

7 잎새 쌈떡에 기름을 바른다.

Tip
• 쑥을 구하기 힘든 철에는 쑥가루를 이용해도 좋다.

✕

사 진 을 부 르 는
달 보 드 레 베 이 킹

다쿠아즈

재료

플레인시트

흰자 180g

설탕 60g

슈가파우더 90g

아몬드파우더 120g

박력분 20g

슈가파우더 약간

만드는 법

1 아몬드파우더, 슈가파우더, 박력분을 체쳐 놓는다.

2 흰자를 저속으로 휘핑해 카푸치노 정도의 거품이 생길 때 설탕을 두세 번에 나눠 넣어준다.

3 고속으로 휘핑 후 머랭뿔이 만들어지면 완성!

4 머랭에 체친 가루류를 모두 넣어 자르듯 가볍게 섞는다.

5 짤주머니에 넣고 물을 분무한 다쿠아즈 틀에 봉긋하게 파이핑한다.

6 틀을 천천히 들어올려 분리한다.

7 슈가파우더를 뿌린 후 170℃에서 16~18분간 구워낸다.

까눌레

재료

클래식

바닐라빈 1/2개

우유 513g

노른자 40g

전란 65g

소금 1g, 설탕 250g

버터 49g, 중력분 122g

럼 27g

얼그레이

우유 513g

바닐라 익스트랙 약간

얼그레이 6g

노른자 40g

전란 68g

소금 1g, 설탕 250g

버터 49g, 중력분 120g

럼 27g

그린말차

우유 513g

바닐라 익스트랙 약간

노른자 40g

전란 68g

소금 1g, 설탕 250g

버터 49g, 중력분 120g

말차파우더 12g

만드는 법

1 냄비에 우유, 설탕 1/2, 버터를 넣고 60℃까지 가열한다.

2 다른 불에 노른자, 전란, 소금, 바닐라 익스트랙, 남은 설탕을 넣어 섞는다.

3 1의 온도가 50℃ 이하가 되면 2에 부어 섞어준다.

4 가루류를 체쳐 넣은 후 핸드블렌더로 살짝만 섞는다.

5 럼을 넣고 주걱으로 가볍게 섞어준다.

6 반죽을 체에 거른 후 밀착 랩핑하고 냉장실에서 24시간 휴지한다.

7 휴지 휴 실온에 30분간 놔둔 후 80g씩 패닝한다.

8 200℃에서 9분 구운 후 180℃에서 50분간 더 구워낸다.

9 틀에서 바로 빼 식힘망에서 식힌 후 장식한다.

딸기 밀푀유

재료

파이지

박력분 300g

버터 165g

물 140g

소금 6g

커스터드 크림

우유 135g

노른자 34g

설탕 40g

박력분 12g

바닐라빈 2g

버터 10g

생크림 적당량

만드는 법

파이지

1   박력분에 버터조각을 넣어 쌀알 크기로 다진다.

2   차가운 물에 소금을 섞은 후 *1*에 조금씩 부으며 반죽한다.

3   밀봉 후 냉장고에서 30분간 휴지한다.

4   밀대로 밀고 3절 접기 후 냉장휴지 30분을 3번 반복한다.

5   4~5mm로 밀어펴 재단한다.

6   반죽을 패닝한 후 포크질을 하고 윗면에 설탕을 뿌린다.

7   뒷면이 테프론 시트지를 올린 후 190℃에서 20분 굽는다.

커스터드 크림

1   볼에 노른자, 설탕을 넣어 거품기로 섞는다.

2   박력분을 체쳐 넣은 후 주걱으로 섞어준다.

3   냄비에 우유, 바닐라빈(씨앗, 껍질)을 넣고 가장자리가 바글바글 끓을 때까지 가열한다.

4   *3*을 *2*에 부으면서 거품기로 섞어준다.

5   냄비에 옮겨담아 거품기로 저어주며 센 불에서 호화시킨다.

6   버터를 넣어 섞은 후 차가운 물에 올려 온도를 식힌다.

7   차갑게 식은 커스터드 크림을 체에 내려 생크림과 1:1로 섞어 사용한다.

사과 쁘띠갸또

재료

아몬드쿠키

버터 100g

슈가파우더 50g

소금 1꼬집

바닐라 익스트랙 5g

아몬드파우더 30g

전란 25g

박력분 135g

애플콩포드

사과 1개

사과주스 20g

설탕 20g

레몬즙 5g

판젤라틴 1장

요거트무스

그릭요거트 240g

사과주스 20g

설탕 20g

레몬즙 5g

판젤라틴 1장

글레이즈

물 55g

설탕 100g

물엿 100g

연유 70g

화이트초콜릿 100g

색소 약간

젤라틴 1장

만드는 법

아몬드쿠키

1 실온 상태의 버터를 풀어 슈가파우더를 넣고 섞어준다.

2 달걀과 바닐라 익스트랙을 넣어 섞어준다.

3 가루류를 체쳐 놓고 날가루가 보이지 않을 때까지 주걱으로 섞은 후 손으로 반죽한다.

4 밀대로 0.5cm 밀어펴고 1시간 이상 냉장보관 후 쿠키커터로 찍어낸다.

5 170℃에서 10~12분 구워낸다.

애플콩포트

1 사과 반은 잘게 다지고 반은 갈아 냄비에 설탕과 함께 넣고 바글바글 끓인다.

2 레몬즙과 판젤라틴(차가운 물에 불린)을 넣은 후 마저 끓인다.

3 틀에 부어 3시간 이상 냉동한 후 사용한다.

요거트무스

1 판젤라틴은 차가운 물에 넣어 불린다.

2 볼에 요거트 100g과 젤라틴을 넣은 후 젤라틴이 녹을 때까지 중탕하고 남은 요거트를 섞어준다.

3 생크림에 설탕을 넣고 75~80%까지 휘핑한다.

4 요거트와 생크림을 섞은 후 짤주머니에 담아 사용한다.

글레이즈

1 젤라틴은 차가운 물에 넣어 불린다.

2 냄비에 물, 설탕, 물엿, 연유, 젤라틴을 넣어 바글바글 끓인다.

3 화이트초콜릿은 중탕 후 2에 넣어 마저 섞어준다.

4 색소를 넣어 잘 섞은 후 35℃ 정도에서 냉동 상태의 무스 위에 부어준다.

에끌레어

재료

반죽

물 80g

우유 80g

버터 70g

소금 1g

설탕 6g

중력분 90g

전란 135g

레몬크림

레몬즙 130g

레몬제스트 7g

전란 160g

버터 240g

설탕 110g

판젤라틴 2장

이탈리안 머랭

흰자 50g

설탕 100g

물 34g

Tip

• 반죽이 너무 질어
지면 안 되므로 달
걀은 반죽상태에
따라 조절한다.

만드는 법

반죽

1   중력분을 체쳐 준비하고 볼에 달걀을 풀어둔다.

2   냄비에 물, 우유, 소금, 버터를 넣고 가운데가 끓을 때까지 가열해준다.

3   100℃가 되었을 때 중력분을 넣고 불을 끈 후 재빨리 섞어준다.

4   한 덩어리가 되었으면 불을 켜고 호화시킨다.

5   볼에 옮겨 담아 60℃까지 온도를 내린 후 달걀을 두 번에 나눠 넣
고 섞는다.

6   짤주머니에 담아 파이핑 후 슈가파우더를 표면에 뿌려준다.

7   170℃에서 50분간 구워내고 완전히 식혀준다.

레몬크림

1   젤라틴은 차가운 물에 넣어 불려둔다.

2   달걀을 거품기로 잘 풀고 설탕을 넣어 섞어준다.

3   냄비에 레몬즙, 레몬제스트를 넣어 가장자리가 끓어오를 때까지
데워준다.

4   3을 2에 넣어 마저 녹여준다.

5   젤라틴을 넣어 마저 녹여준다.

6   체에 걸러낸 후 버터를 넣어 블렌더로 유화시킨다.

7   냉장고에 넣어 크림을 단단하게 만든다.

8   완성된 반죽 바닥에 구멍을 뚫어 레몬크림을 넣어준다.

이탈리안 머랭

1   냄비에 물, 설탕을 넣고 바글바글 끓인다.

2   흰자를 휘핑해 머랭을 올리고 1을 조금씩 부으며 단단한 머랭이
될 때까지 휘핑한다.

스모어쿠키

재료

황치즈

버터 38g, 슈가파우더 15g, 흑설탕 13g, 전란 11g, 아몬드파우더 38g, 박력분 22g, 황치즈파우더 4g, 베이킹파우더 0.5g, 베이킹소다 0.5g, 마시멜로 4개

오레오

버터 38g, 슈가파우더 15g, 흑설탕 13g, 전란 11g, 아몬드파우더 38g, 박력분 22g, 오레오가루 6g, 베이킹파우더 0.5g, 베이킹소다 0.5g, 마시멜로 4개

말차

버터 38g, 슈가파우더 15g, 흑설탕 13g, 전란 11g, 아몬드파우더 38g, 박력분 22g, 말차파우더 3g, 베이킹파우더 0.5g, 베이킹소다 0.5g, 마시멜로 4개

로투스

버터 38g, 슈가파우더 15g, 흑설탕 13g, 전란 11g, 아몬드파우더 38g, 박력분 22g, 로투스가루 6g, 베이킹파우더 0.5g, 베이킹소다 0.5g, 마시멜로 4개

만드는 법

1 포마드 상태의 버터를 크림화한다.

2 설탕을 넣고 섞은 후 달걀을 두세 번에 나눠 넣어준다.

3 박력분, 첨가분말, 베이킹파우더를 체쳐 넣은 후 주걱으로 자르듯 섞어준다.

4 비닐에 싸서 30분간 냉장 휴지한다.

5 단단해진 반죽을 70g씩 소분한 후 둥글게 펼쳐준다.

6 미리 얼려둔 마시멜로를 가운데 넣어 감싸 준다.

7 180℃ 예열 후 170℃에서 14분 구워낸다.

♠ 반죽은 황치즈, 오레오, 말차, 로투스로 각각 반죽한다.

바닐라 민트초코 마들렌

재료

반죽

전란 42g
우유 5g
꿀 5g
설탕 0.5g
박력분 57g
바닐라빈 1개
베이킹파우더 2.5g
버터 25g

커스터드 크림

우유 135g
노른자 34g
설탕 40g
박력분 12g
바닐라빈 2g
버터 10g
생크림 적당량

코팅초코

화이트초콜릿 90g
민트에센스 1~3g
색소 약간
피스타치오 분태 약간

만드는 법

반죽

1   박력분, 베이킹파우더를 체 쳐 준비하고 볼에 달걀을 풀어준다.

2   1에 우유, 꿀, 설탕, 소금, 바닐라빈을 넣어 섞어준다.

3   냄비에 버터를 넣어 중탕으로 녹여준다.

4   2에 녹여준 버터를 두세 번에 나누어 넣고 반죽한다.

5   반죽은 2시간 이상 냉장 휴지한 후 사용한다.

커스터드 크림

1   볼에 노른자, 설탕을 넣어 거품기로 섞는다.

2   박력분을 체쳐 넣은 후 주걱으로 섞어준다.

3   냄비에 우유, 바닐라빈(씨앗, 껍질)을 넣고 가장자리가 바글바글 끓을 때까지 가열한다.

4   3을 2에 부으면서 거품기로 섞어준다.

5   냄비에 옮겨담아 거품기로 저어주며 센 불에서 호화시킨다.

6   버터를 넣어 섞은 후 차가운 물에 올려 온도를 식힌다.

7   차갑게 식은 커스터드 크림을 체에 내려 생크림과 1:1로 섞어 사용한다.

코팅초코

1   화이트 초콜릿은 중탕으로 녹여준다.

2   1에 민트에센스(향), 지용성 색소(옥색)를 넣어 섞어준다.

3   마들렌 표면 반쪽 끝에 찍어 모양을 내어준다.

4   피스타치오 분태를 마들렌 윗부분에 올려준다.

샌드쿠키

재료

쿠키반죽

버터 100g

설탕 65g

전란 30g

중력분 180g

베이킹파우더 3g

바닐라 익스트랙 2g

소금 2g

피넛버터크림

비넛버터 55g

무염버터 55g

화이트초콜릿 90g

화이트버터크림

무염버터 100g

화이트초콜릿 100g

바닐라빈 1/2개

만드는 법

쿠키시트

1   실온의 버터와 설탕을 넣어 가볍게 믹싱한다.

2   전란을 두세 번에 나눠 넣어 섞어준 후 바닐라 익스트랙, 소금을 넣어 마저 섞는다.

3   가구류를 체쳐 넣은 후 주걱으로 자르듯 섞어 한 덩이로 만든다.

4   밀대로 0.5cm 정도로 밀어편 후 냉동보관한다.

5   반죽이 단단해지면 0.5~0.7cm 두께로 길게 잘라 격자모양으로 만들어 쿠키틀로 찍는다.

6   170℃에서 12~14분 구워낸다.

화이트버터크림

1   실온의 버터와 바닐라빈을 잘 섞어준다.

2   화이트초콜릿은 중탕으로 녹인다.

3   1에 2를 조금씩 넣어가며 섞어준다.

4   짤주머니에 담아 사용한다.

피넛버터크림

1   실온의 버터와 피넛버터를 잘 섞어준다.

2   화이트초콜릿은 중탕으로 녹인다.

3   1에 2를 조금씩 넣어 가며 섞어준다.

4   짤주머니에 담아 사용한다.

빅토리아케이크

재료

시트

달걀 2개

설탕 70g

박력분 70g

우유 25g

버터 20g

색소 약간

크림치즈생크림

크림치즈 100g

슈가파우더 40g

생크림 200g

만드는 법

시트

1   달걀을 볼에 담아 거품기로 풀어준다.

2   설탕을 넣고 아이보리색이 될 때까지 휘핑한다.

3   우유와 버터를 녹여 *2*의 반죽을 조금 넣어 애벌한다.

4   전체 반죽에 *3*을 넣고 색소를 약간 넣어 가볍게 섞어준다.

5   머핀팬에 패닝 후 170℃에서 20~23분간 구워낸다.

크림치즈생크림

1   볼에 크림치즈를 넣어 잘 풀어준다.

2   슈가파우더를 넣고 저속에서 고속으로 풀어준다.

3   생크림을 넣어 단단한 크림을 완성한다.

Tip

시럽

• 설탕 1: 물 2를 바글바글 끓여 사용한다.

시폰샌드 케이크

재료

시폰시트

노른자 42g

설탕 32g

소금 약간

바닐라 익스트랙 약간

식용유 30g

우유 50g

박력분 55g

말차가루 4g

베이킹파우더 1.5g

흰자 76g

설탕 32g

크림

생크림 180g

설탕 15g

만드는 법

시폰시트

1   우유, 식용유는 각각 중탕해 50℃로 만든다.

2   노른자, 바닐라 익스트랙, 설탕, 소금을 넣어 고속으로 뽀얗게 휘핑
    한다.

3   2에 식용유를 넣어 휘핑한다.

4   3에 우유를 넣고 잘 섞는다.

5   가루류를 체쳐 넣어 가볍게 섞어준다.

6   흰자에 설탕을 넣고 머랭을 만들어 5에 잘 섞는다.

7   패닝 후 160℃에 25분간 구워낸다.

8   뒤집어 식힌 후 틀과 분리한다.

크림

1   생크림, 설탕을 차갑게 휘핑해 사용한다.

 Tip

• 계절 과일을 올려 장식한다.

밤 몽블랑

재료

밤시트
밤퓌레 100g
설탕 50g
전란 1개g
박력분 50g
베이킹파우더 4g
녹인 버터 50g

생크림
생크림 100g
설탕 10g

밤크림
밤퓌레 22g
밤스프레드 50g
럼주 5g

보늬밤
완성품 1개당 2개

만드는 법

시트

1 퓌레에 설탕을 풀어 잘 섞어준다.

2 전란을 두세 번에 나눠 넣으며 섞어준다.

3 가루류를 체쳐 넣은 후 주걱으로 잘 섞어준다.

4 녹인 버터를 넣고 부드럽게 풀어준다.

5 머핀틀에 버터와 가루로 코팅하고 40% 패닝한다.

6 180℃에서 15~17분간 구워낸다.

생크림

1 차가운 생크림을 계량 후 설탕을 넣고 거품기로 단단해질 때까지 휘핑한다.

밤크림

1 모든 재료를 계량한다.

2 주걱으로 잘 섞은 후 짤주머니에 담아 사용한다.

밤 몽블랑

1 구워낸 시트를 반을 잘라낸다.

2 잘라낸 시트 위에 생크림을 올린 후 통 보늬밤을 올리고 생크림으로 밤 전체를 싸준다.

3 밤크림을 짤주머니에 넣어 밑에서 위로 올리면서 감싸준다.

4 밤 몽블랑 위에 보늬밤을 반 잘라서 토핑한다.

구겔호프

재료

레몬 구겔호프

반죽

버터 40g, 설탕 32g

소금 0.5g, 전란 35g

박력분 42g

베이킹파우더 1g

플레인요거트 15g

레몬제스트 1/2개

레몬아이싱

슈가파우더 45g, 레몬즙 8g

초코 구겔호프

반죽

버터 40g, 설탕 32g

소금 0.5g, 전란 35g

박력분 42g, 코코아파우더 6g

베이킹파우더 1g

플레인요거트 15g, 초코칩 15g

초코 코팅

다크초코 40g

황치즈 구겔호프

반죽

버터 40g, 설탕 32g

소금0.5g, 전란 35g

박력분 42g, 황치즈가루 10g

베이킹파우더 1g

플레인요거트 15g

초코 코팅

화이트초코 40g, 황치즈가루 6g

만드는 법

1. 실온의 버터와 설탕, 소금을 넣어 부드럽게 풀어준다.

2. 달걀을 두세 번에 나눠가며 섞어준다.

3. 가루류를 체 쳐서 넣은 후 주걱으로 섞는다.

4. 요거트를 넣어 부드럽게 마무리 반죽한다.

5. 틀에 50% 패닝 후 160℃에서 18분 구워낸다.

6. 완전히 식힌 후 아이싱 또는 초코 코팅을 해준다.

🏠 레몬·초코·황치즈 구겔호프 반죽 만드는 법은 동일하다.

티그레

재료

반죽(3배합으로 계량)

버터 80g

흰자 85g

슈가파우더 60g

꿀 10g

소금 1g

중력분 35g

아몬드파우더 37g

첨가물

플레인 : 다크커버춰 28g

말차 : 말차파우더 4g

얼그레이 : 찻잎 2g

가나슈

플레인 : 생크림 38g, 다크
커버춰 30g

말차 : 생크림 38g, 화이트
커버춰 35g, 말차가루 3g

얼그레이 : 생크림 38g, 얼
그레이 찻잎 2g

만드는 법

1 다크커버춰는 잘게 섞어 준비한다.

2 흰자는 거품기로 알끈을 없애며 가볍게 섞는다.

3 버터는 냄비에 계량 후 태워준다.

4 체친 가루류를 흰자를 넣고 거품기로 섞어준다.

5 태운 버터는 60℃ 정도로 맞춘 후 반죽에 넣어 섞어준다.

6 꿀을 넣고 섞은 후 다크커버춰를 넣고 마저 섞어준다.

7 반죽을 3등분 후 각각의 첨가물을 넣어 잘 섞는다.

8 틀에 패닝 후 190℃에서 14분을 구운 후 몰드에서 빼내어 4분 정도 더 구워낸다.

9 다 구워지면 가운데에 가나슈를 채우고 완전히 굳혀 완성한다.

쿠키슈

재료

슈반죽

중력분 40g

우유 35g

물 35g

설탕 2g

소금 1g

버터 38g

전란 75g

크런치

버터 30g

중력분 30g

설탕 30g

커스터드 크림

우유 135g

노른자 34g

설탕 40g

박력분 12g

바닐라빈 2g

버터 10g

생크림 적당량

만드는 법

슈반죽

1 냄비에 우유, 물, 소금, 설탕, 버터를 모두 넣고 가장자리가 끓어오를 때까지 가열한다.

2 불에서 내린 후 중력분을 체쳐놓고 주걱으로 한 덩어리가 되도록 섞는다.

3 다시 불에 올려 약불에서 주걱으로 섞으며 호화시킨다.

4 불에서 내린 후 달걀을 두세 번에 나눠 넣으며 윤기나는 반죽을 만들어준다.

5 짤주머니에 담아 지름 4cm 크기로 파이핑한다.

6 만들어놓은 크런치를 올린 후 170℃에서 20분 구워낸다.

크런치

1 실온의 버터와 설탕을 넣어 믹싱한다.

2 중력분을 체쳐 넣은 후 주걱으로 한 덩이가 되도록 섞어준다.

3 반죽을 0.2~0.5cm로 밀어편 후 냉동고에서 굳힌다.

4 지름 4cm 커터로 찍어내 냉동보관 후 사용한다.

커스터드 크림

1 볼에 노른자, 설탕을 넣어 거품기로 섞는다.

2 박력분을 체쳐 넣은 후 주걱으로 섞어준다.

3 냄비에 우유, 바닐라빈(씨앗, 껍질)을 넣고 가장자리가 바글바글 끓을 때까지 가열한다.

4 3을 2에 부으면서 거품기로 섞어준다.

5 냄비에 옮겨담아 거품기로 저어주며 센 불에서 호화시킨다.

6 버터를 넣어 섞은 후 차가운 물에 올려 온도를 식힌다.

7 식은 커스터드 크림을 체에 내려 생크림과 1:1로 섞어 사용한다.

쁘띠 파운드 케이크

재료

캐러멜 파운드

버터 70g

설탕A 50g

아몬드파우더 65g

전란 43g

생크림 20g

중력분 40g

캐러멜 20g

베이킹파우더 1.5g

흰자 40g

설탕B 15g

캐러멜 시럽

설탕 50g

생크림 50g

캐러멜 글레이즈

캐러멜 60g

화이트 코팅 초코 20g

만드는 법

1   실온의 버터를 핸드믹서 저속으로 부드럽게 풀어준다.

2   설탕을 2~3 나눠 넣고 아이보리색이 될 때까지 휘핑한다.

3   실온의 달걀을 두세 번에 나눠 넣어 핸드믹서 저속으로 섞는다.

4   별도의 볼에 설탕, 흰자 머랭을 쳐준다.

5   1~3을 4의 흰자 머랭에 잘 섞고 가루류를 체 쳐서 넣은 다음, 가볍게 섞어준다.

6   짤주머니에 반죽을 채우고 틀의 60~70% 정도 채워준다.

7   170℃에서 20~25분간 구워낸다.

8   온도가 남아있을 때 시럽에 담갔다 뺀 후 글레이즈 하여 마무리한다.

캐러멜 시럽

1   냄비에 설탕을 녹인다.

2   녹은 설탕이 뜨거운 상태에서 차가운 생크림을 4~6번 나누어 넣고 주걱으로 저어가며 끓인다.

캐러멜 글레이즈(토핑용)

1   캐러멜 시럽과 화이트 코팅 초코를 섞어서 준비한다.

시럽

• 물 50g + 설탕 20g

휘낭시에

재료

박력분 38g
아몬드가루 42g
버터 45g
설탕 120g
바닐라 익스트랙 1Ts
달걀흰자 15g
베이킹파우더 0.6g
소금 약간

만드는 법

1 실온에 둔 버터를 냄비에 넣고 중불에서 녹인다. 버터가 갈색으로 변할 때까지 태운 뒤 55~60℃까지 식힌다.

2 거품기로 풀어둔 달걀흰자에 설탕과 소금을 넣고 가볍게 저어주고 바닐라 익스트랙을 넣고 섞어 준다.

3 체에 내린 박력분과 아몬드가루를 넣고 섞어준다.

4 태운 버터를 두세 번에 나누어 넣고 잘 섞어 냉장고에서 1시간 정도 휴지한다.

5 휘낭시에 틀에 버터를 바르고 밀가루를 뿌린 뒤 팬을 뒤집어 여분의 밀가루를 털어내고, 틀에 반죽을 80% 정도 붓고 190℃ 예열한 오븐에 13분간 굽는다.

6 틀에서 분리하고 식힘망에서 완전히 식힌다.

×

바쁜 현대인의
건강식 샌드위치와
샐러드

B.L.T. 샌드위치

재료

식빵 2개
로메인 레터스 3잎
베이컨 6장
슬라이스 토마토 3개
마요네즈 1Ts
머스터드 2Ts
식용유

만드는 법

1 로메인 레터스를 깨끗이 씻어 물기를 뺀다.

2 토마토는 씻어 둥글게 슬라이스한다.

3 베이컨은 전자레인지에 살짝 익혀 면포(페이퍼)로 기름을 없앤다.

4 식빵 2개에 식용유를 바르고 토스트에 굽는다.

5 식빵 한 면에는 마요네즈를 바르고 베이컨, 로메인, 토마토를 올린다.

6 다른 식빵의 한 면에 머스터드를 발라 5 위에 덮어서 완성한다.

Tip

• 베이컨을 마른 팬에서 구워도 된다.
• B.L.T. – 베이컨, 로메인, 토마토

연어 샌드위치

재료

베이글 1개
훈제연어 2장
슬라이스 토마토 2개
슬라이스 양파링 2개
양상추 등 1잎
버터 1Ts

오일소스
올리브오일 1Ts
화이트와인식초 1ts

크림치즈 소스
크림치즈 1Ts
샤워크림 1Ts
다진 딜

만드는 법

1. 준비한 채소는 깨끗이 씻어 물기를 뺀다.

2. 베이글을 가로로 잘라 버터를 바른다.

3. 오일소스를 만들어 훈제연어에 뿌린다.

4. 빵에 채소류, 훈제연어, 양파링, 토마토를 올린다.

5. 크림치즈 소스를 한 번 더 올리고 나머지 빵으로 덮는다.

Tip

- 크림치즈를 슬라이스해서 넣으면 잘 어울린다.
- 훈제연어 위에 레몬즙, 후추를 뿌려도 상큼하다.

불고기 샌드위치

재료

식빵 2개
소고기(슬라이스 or 다짐육)
    70g
양상추 1잎
파프리카 1줄
슬라이스 토마토 3개
다진 양파 1Ts
오이피클 1개
머스터드 1Ts
사우전드 아일랜드 1Ts
흰 후추 약간
불고기양념장 3/2Ts

만드는 법

1   양상추, 토마토는 깨끗이 씻어 준비한다.

2   소고기는 불고기감이나 다짐육을 준비해서 페이퍼로 핏물을 제거한 다음, 다진 양파를 넣고 후추, 불고기소스(스테이크소스)에 재운 후 굽는다.

3   토마토는 둥글게 슬라이스하고 파프라카는 길게 자른다. 피클도 슬라이스해서 준비한다.

4   식빵은 팬에 굽고 머스터드, 사우전드 아일랜드를 바른 후 파프리카, 양배추, 토마토, 불고기, 피클, 채소를 올린다.

5   빵 한 면에 머스터드를 발라 덮는다.

참치 샌드위치

재료

햄버거빵 1개

참치 60g

파프리카 1링

오이피클 1개

로메인, 치커리 3잎

버터

소스

마요네즈 2Ts

핫소스

다진 양파

다진 피클

레몬즙 1ts

후추 약간

만드는 법

1   소스 재료를 넣고 잘 섞은 후 냉장보관한다.

2   참치 통조림의 기름을 빼고 1의 소스를 넣어 잘 버무린다.

3   채소는 깨끗이 씻어 물기를 제거하고 토마토는 둥글게 슬라이스 한다.

4   빵은 버터를 발라 굽고 중앙에 가로로 길게 칼집을 낸다.

5   빵을 벌려 참치, 피클, 파프리카, 토마토, 채소를 넉넉히 넣는다.

Tip

• 참치를 버무릴 때 청양고추를 다져 넣으면 색다른 맛이 난다.

달걀폭탄 샌드위치

재료

식빵 2개

달걀 3개

햄 30g

맛살 1/2개

오이피클 1개

마요네즈 2Ts

설탕 1/2ts

소금, 후추 약간

만드는 법

1 달걀 2개는 반숙(감동란)으로, 1개는 완숙으로 삶는다.

2 햄, 피클, 맛살 등은 다진다.

3 완숙달걀을 으깨고 2의 재료를 섞은 후 마요네즈를 넣어 잘 버무린다.

4 식빵에 3을 넣고 중간에 반숙달걀 2개를 나란히 얹는다.

5 포장 후 반숙달걀이 잘 보이게 자른다.

감동란

1 실온에 둔 달걀을 중불에서 7분간 삶는다. (반숙)

2 3% 정도의 소금물에 2~3일간 절인다.

 Tip

• 포장 시 다른 샌드위치처럼 누르지 말고 식빵을 덮어주는 느낌으로 포장한 후 자른다.

블루베리 브리 샌드위치

재료

쌀바게트 1개
로메인 1줌
슬라이스햄 2줄
브리치즈 80g
블루베리콩포트 7알
토마토 1/4개
꿀 1Ts

스프레드
마요네즈 3Ts
씨겨자 1ts
꿀 1ts

블루베리 콩포트
블루베리 300g
건블루베리 70g
설탕 100g
레몬즙

만드는 법

1   빵은 세로로 이등분한다.

2   브리치즈는 칼집을 내어 꿀을 뿌린다.

3   빵 위에 재료들을 예쁘게 올린다.

스프레드

1   스프레드 재료를 잘 섞는다.

2   빵 위에 스프레드를 바르고 재료들을 예쁘게 올린다.

블루베리 콩포트

1   블루베리, 설탕을 넣고 중불에서 15분 정도 조린다.

2   1에 건블루베리를 넣고 조리다가 레몬즙을 넣는다.

 Tip

• 브리치즈는 꿀을 뿌린 후 굽거나 에어프라이어에 조리한다.

오픈 과일 샌드위치

재료

빵

생크림 200mL

설탕 20g

딸기 2개

바나나 1/3개

망고 4조각

만드는 법

1 딸기는 깨끗이 씻어 2등분한다. 바나나는 동글동글하게 썰고 망고는 큐브모양으로 준비한다.

2 생크림에 설탕을 넣어가며 저속에서 고속으로 올려서 뿔이 생기도록 휘핑한다.

3 준비한 빵에 휘핑한 크림을 듬뿍 얹고 과일을 얹는다.

🏠 휘핑한 크림에 가루를 섞어 다양한 크림을 완성한다.(딸기, 녹차, 흑임자 등)

Tip

• 단면에 과일이 보이는 샌드위치: 식빵 한 면에 생크림을 충분히 바르고 딸기를 나란히 얹어 위에 다시 생크림을 바른 후 나머지 식빵을 얹어 자르면 완성(딸기, 귤, 키위 등 활용)

산뜻하고 은은한 향을 품은

치킨 샌드위치

재료

곡물식빵 2개
상추 2잎
닭가슴살 1쪽
슬라이스치즈 1장
슬라이스 토마토 3개
(슬라이스 양파링)
올리브오일 2Ts
마요네즈 1Ts
레몬즙 1Ts
홀그레인 머스터드 2Ts
버터 2Ts
소금, 후추, 로즈메리 약간

만드는 법

1 닭가슴살을 깨끗이 세척 후 로즈메리, 올리브오일, 소금, 후추로 간하여 30분 정도 재운 다음, 오븐 200℃에서 5분간 굽고 레몬즙을 뿌린다.

2 빵 한면에 버터를 바른다.

3 상추는 가지런히 모으고 토마토는 슬라이스한다.

4 2에 채소, 토마토, 닭가슴살 등을 얹는다.

5 나머지 빵에 버터, 마요네즈, 머스터드를 발라 덮는다.

 Tip

• 닭가슴살을 밑간(청주, 소금, 후추)하여 삶은 후 사용하거나 빵가루에 묻혀 튀겨서 사용해도 맛있다.

당근라페 샌드위치

재료

식빵 2장
베이컨 1줄
달걀 1개
치커리 4줄기
양상추 2장
체다치즈 1장
마요네즈 1T

당근라페

당근 1개
절임용 소금 1ts
레몬즙 1Ts
홀그레인 머스터드 1Ts
올리브오일 2Ts
알룰로스 1Ts
후추 약간

만드는 법

당근라페

1   당근을 최대한 곱게 채 썰고 절임용 소금으로 절인다. (20분 정도)

2   절인 당근을 꼭 짜서 수분을 제거한다.

3   홀그레인 머스터드, 알룰로스, 올리브오일, 레몬즙, 후추를 섞어 당근에 버무리고 취향에 따라 소금을 첨가한다.

4   골고루 섞인 재료를 랩을 씌워 냉장고에 넣고 1~2시간 저온 숙성한다.

샌드위치

1   팬에 달걀지단을 부친다.

2   식빵에 마요네즈를 바른다.

3   2에 체다치즈, 양상추, 치커리, 달걀지단, 당근라페, 베이컨을 차례대로 올린다.

4   식빵 한쪽 면에 남은 마요네즈를 바른 뒤 덮어 완성한다.

토마토 그린샐러드

재료

양상추 2장
브로콜리 1/2개
토마토 1/2개
파프리카 1/3개
그린빈스 3줄
귤 1개
올리브 5개

드레싱
레몬즙 2Ts
꿀(올리고당) 1Ts
올리브오일 2Ts

만드는 법

1 양상추는 깨끗이 씻어 먹기 좋게 손으로 찢는다.

2 브로콜리는 소금물에 살짝 데치고 파프리카, 올리브 등은 먹기 좋게 슬라이스한다.

3 귤은 과육부분만 준비하고 레몬은 슬라이스한다.

4 그린빈스는 살짝 데쳐서 아삭한 느낌을 살린다.

5 채소와 과일 등을 드레싱에 버무려 접시에 담는다.

 Tip

• 레몬드레싱에 잣을 갈아 넣거나 플레인 요구르트를 넣어 드레싱을 만든다.

닭가슴살 샐러드

재료

닭가슴살 200g
토마토 1개
파프리카 1/2개
샐러드용 채소 1줌
완숙 달걀 1개
통후추 5개
소주 1/2C
레몬슬라이스 1개

드레싱
간장 2Ts
올리브오일 2Ts
발사믹식초 1Ts
설탕 1/2Ts

만드는 법

1   닭은 깨끗이 씻고 통후추, 소주, 레몬을 넣어 10분 정도 삶는다.
    › 올리브오일, 소금, 후추를 발라 구워도 된다.

2   삶은 닭은 먹기 좋게 찢은 후 식힌다.

3   채소류는 깨끗이 씻어 물기를 뺀후 먹기 좋게 찢거나 썰어 완성접
    시에 돌려 담고 중심에는 닭가슴살을 올린다.

4   드레싱을 분량대로 만들어 뿌리거나 함께 낸다.

• 다양한 소스로 바꿔가며 낸다.

단호박 샐러드

재료

단호박 1/2통
아몬드슬라이스 3Ts
구운 피칸 2Ts
채소류 100g – 로메인,
  버터헤드레터스
건블루베리 20개

소스
마요네즈 1Ts
머스터드 1/2Ts
플레인 요구르트 80g
꿀 1Ts
소금 1/2ts

만드는 법

1   단호박은 껍질을 벗겨내고 씨와 섬유질 부분을 긁어낸 다음, 김오른 찜기에 넣어 익힌다.

2   찐 단호박을 볼에 넣고 잘 으깬다.

3   소스 재료를 넣어 만든 후 으깬 단호박에 잘 섞는다.

4   완성접시에 준비한 채소를 돌려 담고 단호박을 떠서 가운데 놓고 견과류를 뿌린다.

연어 샐러드

 재료

연어 150g
오렌지 1/2개
토마토 1개
파프리카 1/4개
그린빈 4개
샐러드용 채소 1줌

드레싱
마요네즈 3Ts
레몬즙 1Ts
설탕, 올리고당 각 1ts
고추냉이 1/2ts
소금, 후추

만드는 법

1 드레싱 재료를 넣고 블렌더로 잘 섞는다.

2 연어는 한입 크기로 썰고 준비한 재료들을 먹기 좋게 썬다.

3 손질한 재료를 드레싱에 잘 버무려 완성접시에 올리고 마지막에 연어를 얹어 낸다.

Tip

• 드레싱에 오렌지나 유자청을 넣으면 산뜻해진다.
• 각종 삶은 콩이나 달걀 등도 함께 낸다.

카프레제

재료

토마토 1개

프레시 모짜렐라치즈(100g)
　1개

바질잎 혹은 새싹 등

드레싱

발사믹레드식초 2Ts

꿀 1ts

레몬즙 1/2ts

후추

만드는 법

1　잘 익은 토마토는 꼭지를 떼고 둥글게 슬라이스한다.

2　모짜렐라치즈는 토마토와 비슷하게 슬라이스한 후 모양틀로 찍어
　　낸다.

3　드레싱을 만들어 냉장고에 보관한다.

4　완성접시에 토마토와 치즈를 켜켜이 담고 차게 식힌 드레싱을 뿌
　　린다.

5　새싹잎으로 장식한다.

Tip

• 카프레제샐러드는 이탈리아 국기 색깔과 같고, 카프리섬에서 이름이 유
　래했다.

×

루이보스 목테일

스트로베리 민트 & 히비스커스 아이스티

파인애플 말차 목테일

베리 티 칵테일

블루멜로우 레모네이드 티

핫 얼그레이 진 펀치

라벤더 블루베리 모히토

말차 하이볼

크리스마스 샹그리아

일 년 내 내
허 브 디

루이보스 목테일

재료

루이보스 티백 15개

냉수 1L

설탕 250mL

(자일리톨이나 스테비아)

파인애플 주스 2L

살구 주스 1L

레몬즙 250mL

만드는 법

1 루이보스 차 한 병에 티백 15개를 넣는다.

2 뜨거운 루이보스에 설탕 250mL(또는 감미료)를 넣고 식힌다.

3 찬물, 파인애플 주스, 살구 주스, 레몬즙을 첨가한다.

4 차갑게 마신다.

스트로베리 민트 & 히비스커스 아이스티

재료

말린 스피어민트 찻잎 4ts
말린 히비스커스 꽃 4ts
레드 라즈베리 찻잎 2ts
끓는 물 8C
딸기 15개
얼음
꿀 또는 아가베 시럽 1/3 C
레몬즙 6Ts

장식
민트, 딸기

만드는 법

1 스피어민트 찻잎, 히비스커스 꽃, 레드 라즈베리 찻잎을 2L 용기에 넣는다. 뜨거운 물을 찻잎 위에 붓고 15분간 우려낸다.

2 그물망으로 차를 거르고 찻잎을 눌러 추출한다. 차를 실온에 식힌 다음 뚜껑을 덮고 냉장고에 넣어 식힌다.

3 딸기, 레몬즙, 꿀을 블렌더에 넣고 완전히 퓌레가 될 때까지 갈아준 다음, 체에 곱게 내린다.

4 차가운 차에 딸기 퓌레를 넣고 잘 섞는다.

5 4를 얼음 위에 붓고 민트 잎과 딸기 조각으로 장식한다.

• 만드는 법 3번에서 체에 거르는 과정은 꼭 필요한 것은 아니며 단순히 개인 취향의 문제이다. 음료에 들어간 딸기 씨앗의 질감이 마음에 들지 않는다면 이 단계를 건너뛸 수 있다.

파인애플 말차 목테일

파인애플 주스 1C
말차 1Ts
얼음 1C

1 파인애플 주스를 칵테일 셰이커에 붓고 말차를 넣는다.
   › 말차는 쉽게 뭉칠 수 있으므로 먼저 파인애플 주스를 넣는다.

2 뚜껑을 덮고 흔든다.

3 완전히 섞이도록 최소 10회 이상 흔들어 준비한다.

4 아이스 파인애플 말차를 얼음이 담긴 컵에 붓는다.

베리 티 칵테일

재료

꿀 1Ts
딸기 2개
레몬 주스 30mL
탄산수 1/2C
엠프레스 진 90mL

장식
딸기, 카모마일, 레몬
 (취향에 맞게)

만드는 법

1 꿀과 허브차를 섞고 녹을 때까지 저어준다.

2 *1*을 차갑게 식힌다.

3 딸기와 레몬즙을 칵테일 셰이커에 넣고 섞는다.

4 *3*에 얼음을 넣고 차가워질 때까지 흔든다.

5 분량의 탄산수를 첨가한다.

6 잔에 Empress Gin 샷을 천천히 붓는다.

7 딸기, 카모마일, 레몬으로 장식하고 마시기 전에 저어준다.

Tip

• 엠프레스 진 대신 일반 진으로 대체할 수 있다.

블루멜로우 레모네이드 티

재료

따뜻한 물
블루멜로우 티 3C
굵은 설탕 1/2C
레몬즙 1/3C
얼음 1/3C
탄산수 3C

만드는 법

1 말린 블루멜로우를 컵에 넣고 따뜻한 물을 부어 차를 만든다. 색이 충분히 선명해질 때까지 몇 분 동안 담근 다음 꽃을 걸러낸다.

2 차에 감미료를 넣고 숟가락으로 완전히 녹을 때까지 저어준다.

3 레몬즙을 겹겹이 쌓아 달게 한 차와 섞는다. 서빙 잔에 얼음을 넣고 그 위에 탄산수를 붓는다.

Tip

• 레몬즙과 차가 섞이면서 색이 변하는 것을 감상한다.

핫 얼그레이 진 펀치

재료

진 50mL
감귤주스 50mL
레몬즙 15mL
설탕시럽 10mL
얼그레이 티 150mL

장식

신선한 배 1조각
신선한 레몬 1조각
신선한 로즈메리 가지
카다멈
계피
팔각
정향

만드는 법

1   얼그레이 티를 우려낸다.

2   머그잔에 *1*과 진, 감귤 주스, 설탕시럽, 레몬즙을 넣는다.

3   장식용으로 준비해둔 배를 얇게 슬라이스해서 머그잔에 넣는다.

4   레몬 1조각, 로즈메리, 카다멈, 계피스틱, 팔각, 정향을 취향에 맞게
      장식한다.

Tip

• 얼그레이 티의 진하기는 개인의 취향에 따라 결정하여 우린다.

라벤더 블루베리 모히토

재료

신선한 블루베리 1/2C
신선한 민트잎 1줌
화이트 럼 45mL
클럽 소다 45mL
라임 1개의 즙

라벤더 심플 시럽
설탕 1/2C
물 1/2C
말린 라벤더 2ts

장식
신선한 라벤더 가지 2개

만드는 법

1   작은 냄비에 블루베리와 물 1Ts를 넣는다. 열매가 터지고 액체가 될 때까지 중약불로 가열한다.

2   혼합물을 블렌더나 푸드 프로세서로 옮기고 부드러운 퓌레가 될 때까지 블렌딩한다.

3   유리잔 바닥에 블루베리 퓌레 2Ts와 라벤더 시럽을 넣고 저은 다음 신선한 민트잎을 넣고 섞는다.

4   유리잔에 얼음을 넣고 럼주, 소다, 라임 주스를 부은 다음, 긴 숟가락을 이용해 섞고 라벤더 가지를 추가로 곁들여 제공한다.

라벤더 심플 시럽

1   냄비에 설탕, 물, 라벤더를 넣고 중약불로 가열한다.

2   설탕이 녹을 때까지 휘젓고 혼합물을 1분 정도 끓인 다음, 불을 끄고 냄비를 완전히 식힌다.

3   미세한 망사 체로 라벤더를 걸러 내고 밀봉된 용기에 담아 냉장고에 보관한다.

Tip

• 블루베리 퓌레를 블렌더에 갈 때 원한다면 미세한 망사 체로 혼합물을 걸러낼 수 있지만 블루베리의 작은 반점은 신경 쓰지 않아도 된다.

말차 하이볼

재료

일본 위스키 60mL
  (히비키 등)
갓 짜낸 레몬즙 15mL
꿀 15mL
말차가루 1/4ts
차가운 클럽 소다 200mL

장식
레몬 휠 1개

만드는 법

1   위스키, 레몬즙, 꿀(시럽), 말차가루를 얼음을 채운 칵테일 셰이커에 넣고 세게 흔든다.

2   1을 얼음을 채운 차가운 콜린스 잔에 붓는다. 클럽 소다를 셰이커에 붓고 빙빙 돌려 헹군 다음 유리잔에 붓고 저어준다.

3   레몬으로 장식한다.

 Tip

• 녹차가루보다 말차가루를 사용해야 색이 예쁘다.

크리스마스 샹그리아

재료

메를로 또는 레드 와인
   750mL

크랜베리 주스 5/2C

오렌지 주스 1C

브랜디 1/2C(선택사항)

레몬즙 1/2C

오렌지 2개

오렌지 슬라이스

크랜베리 1C

시나몬 스틱 6개

팔각 1개

정향 6개

사이다 2C

얼음

장식

로즈메리 가지

만드는 법

1. 사이다와 얼음을 제외한 모든 재료를 큰 주전자에 넣고 끓인 후, 냉장고에서 최소 6시간, 가급적이면 하룻밤 동안 식힌다.

2. 서빙 직전에 얼음과 사이다를 넣고 로즈메리 가지로 장식하여 연출한다.

Tip

- 6잔 분량

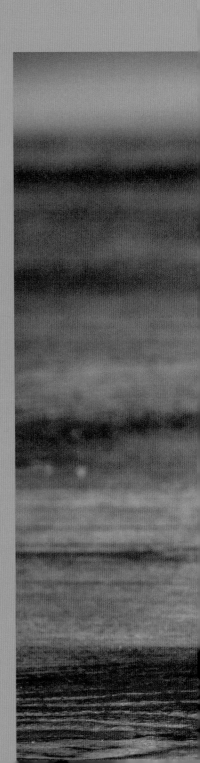

✕

딸기청
패션푸르트청
오미자청
청귤청
생강청
딸기에이드
딸기라떼
현미팥차
호박식혜
구기자차
메리골드차
유자쌍화차
단호박 빙수

건 강 듬 뿍
수 제 청 과
전 통 차

딸기청

재료

딸기 500g
레몬즙 4Ts
스테비아 250g

만드는 법

1   딸기는 깨끗하게 세척한 후 물기를 제거한다.

2   딸기의 꼭지를 제거하고 일부는 1/4 크기로 자른다.

3   나머지 딸기는 큐브 모양으로 자른다.

4   손질한 딸기와 스테비아를 볼에 담는다.

5   4에 착즙한 레몬즙을 넣어 섞는다.

6   스테비아가 녹으면 딸기청을 소독한 병에 담아 완성한다.

 Tip

- 딸기청 6Ts을 담고 얼음을 가득 넣은 후 탄산수를 부어주면 에이드가 된다.
- 바로 사용한다면 딸기 3개, 설탕 3Ts, 레몬즙 1/2ts을 실온에 10분가량 둔 후 으깨서 사용해도 된다.

패션푸르트청

재료

패션푸르트 과육 300g
유기농 설탕 200g
꿀 100g

만드는 법

1   패션푸르트를 절반으로 잘라 과육만 발라낸다.

2   모아둔 과육에 설탕과 꿀을 붓고 잘 섞어주고 1~2시간 실온에 둔다.

3   준비한 재료를 소독한 병에 넣어 냉장보관한다.

Tip

• 패션푸르트청을 3Ts을 담고 얼음을 반 컵 넣어준다.
• 탄산수를 부어주면 에이드가 된다.

오미자청

재료

오미자 1kg
설탕 600g
올리고당 400g

만드는 법

1 오미자는 흐르는 물에 세척한 후 반나절가량 말려서 물기를 완전히 제거한다.

2 설탕(500g), 올리고당을 넣고 버무린다.

3 소독한 용기에 담고 맨 윗부분에는 나머지 설탕(100g)을 덮어준다.

4 실온에 3~5일 보관하며 설탕이 녹을 수 있도록 저어준다.

5 설탕이 녹으면 냉장고에 3개월 동안 숙성한 후 건더기는 체에 거른다.

Tip

• 허한 기를 좋게 하며, 눈을 밝게 한다.
• 신장을 따뜻하게 하고 남자의 정력에 좋으며 기침을 멈추게 한다. 심장 두근거림, 불면, 다몽증을 개선한다.

청귤청

재료

청귤 1kg(손질한 청귤재료)
자일로스 설탕 1kg
레몬 1개 착즙
베이킹소다

만드는 법

1 　청귤 1kg을 물에 잠길 정도로 붓고 베이킹소다를 넉넉히 뿌려 5~10분 내외로 담가둔다.

2 　귤껍질을 깨끗한 물이 나올 때까지 씻는다.

3 　키친타월 등으로 이용하여 수분을 제거한다.

4 　양끝을 자르고 4등분으로 슬라이스한다.

5 　슬라이스한 청귤을 볼에 담고 꼭지부분은 착즙해서 즙만 넣어준다.

6 　자일로스 설탕 1kg을 붓고 잘 젓는다.

7 　상온에 두고 설탕이 녹을 때까지 수시로 젓는다.

8 　설탕이 다 녹으면 유리병에 담아 냉장보관한다.

Tip

- 청귤 5Ts에 탄산수를 부으면 청귤에이드가 된다.
- 따뜻한 청귤차로도 마실 수 있다.
- 비타민 C가 레몬의 10배 들어있다.

생강청

재료

생강 650g
꿀 650g
레몬 1개
베이킹소다 약간

만드는 법

1   생강은 흙을 제거한 후 씻어 가늘게 채 썬다.

2   레몬은 베이킹소다로 씻어 껍질째 채 썬다.

3   손질한 재료에 꿀을 넣고 잘 섞는다.

4   소독한 용기에 병입한 후 냉장보관한다.

Tip

• 생강의 맵고 따뜻한 성질은 몸을 따뜻하게 하고 오한증상을 완화하며 한기로 인한 감기에 좋다.

• 폐와 위에 작용하여 구토작용을 진정시킨다.

딸기에이드

재료

딸기 1개
딸기청 6Ts
레몬즙 1Ts
탄산수 1C
얼음 1C

만드는 법

1   완성 컵에 딸기청을 담고 얼음을 넣는다.

2   그 위에 레몬즙을 넣어 잘 섞는다.

3   2에 탄산수를 붓는다.

4   딸기 1개를 컵에 꽂아 장식한다.

♠   딸기청은 221페이지를 참조한다.

딸기라떼

재료

딸기청 3Ts
우유 200mL
생딸기 3개

만드는 법

1   컵에 딸기청 3Ts을 붓는다.

2   1에 우유를 붓는다.

3   생딸기로 데커레이션을 한다.

현미팥차

재료

현미 1Ts
팥 1Ts
물 1L

만드는 법

1   현미와 팥은 씻어 물기를 뺀다.

2   팥은 센 불에 끓인 후 물은 버린다.

3   현미와 팥을 중불에서 볶는다.

4   1L 물에 현미와 팥을 넣고 센 불에 끓인다.

5   끓기 시작하면 약불에서 5분 정도 더 끓인 후 차로 마신다.

Tip

• 몸속 노폐물과 수분을 제거하는 데 1인자인 팥에 현미를 가미하면 수분 제거를 적절히 조절할 수 있게 도와준다.

호박식혜

재료

엿기름 200g
단호박 1통 (손질 후 300g)
따뜻한 물 2L
쌀 170g
설탕 100g
소금 1/4ts
생강 1/2쪽 (저민 것)

만드는 법

1   쌀 한 컵(170g)으로 고두밥을 짓는다.

2   엿기름을 면포에 넣고 따뜻한 물 2L를 부은 다음, 조물조물 주물러
    진한 엿기름 물을 만든다.

3   엿기름 물을 30분 정도 두어 앙금을 가라앉힌다.

4   맑은 윗물을 따라서 고두밥에 넣고 설탕을 부어 밥을 풀어 준다.

5   전기밥솥에 4를 넣고 보온으로 설정하여 4~5시간 정도 삭힌다.

6   단호박은 껍질과 씨를 제거하고 깎아 찜기에 찐다.

7   단호박에 식혜 물을 조금 넣고 믹서기에 간다.

8   큰 냄비에 삭힌 식혜와 저민 생강을 넣고 부드럽게 갈아둔 단호박
    물을 넣는다.

9   끓기 시작하면 약불에서 10분 정도 더 끓인다.

10 차갑게 식혀 냉장고에 둔다.

Tip

• 설탕이나 소금으로 간을 조절한다.

구기자차

재료

건구기자 20g
물 2L
꿀 또는 설탕(약간)

만드는 법

1 말린 구기자는 깨끗이 씻어서 체에 밭친다.

2 물 2L에 건구기자를 넣고 끓기 시작하면 약불로 줄여 2~3시간 더 끓인다.

3 꿀이나 설탕을 넣어 음용한다.

 Tip

• 구기자의 달고 평한 성질은 '늙지 않는 묘약'이라는 말이 있듯 피로회복의 1인자이다. 몸이 허한 증상과 음기를 보해주는 효능이 있다.

• 간을 이롭게 하고 눈을 밝게 하며 노화예방에 좋다.

메리골드차

재료

메리골드 꽃잎 10g
물 500mL

만드는 법

메리골드차 만들기

1   꽃잎은 씻어 건조기나 통풍이 잘되는 곳에 건조한다.

2   말린 꽃잎은 피자팬에 올려 약불로 1~2분 덖어준다

3   열기가 없어지게 통풍 잘되는 곳에서 식혀준다.

4   건조와 덖음을 4~5회 반복한 후 소독한 유리병에 담는다.

메리골드차 마시기

1   컵에 뜨거운 물을 붓고 꽃잎 10g을 띄운다.

2   10분 정도 기다린 후 꽃잎이 펴지면 우려내서 차로 마신다.

Tip

• 시력 개선에 도움되는 카로티노이드와 루테인 지아잔틴 성분으로 안염,
  눈부종, 결막염을 완화한다.

유자쌍화차

재료

천궁 4g
황기 4g
백작약 8g
감초 3g
숙지황 4g
당귀 4g
계피 3g
생강 3쪽
대추 2개
유자 1개

만드는 법

1. 유자는 깨끗이 씻어 물기를 제거하고 꼭지를 잘라 속을 파낸다.
2. 황기, 감초는 꿀을 넣어 덖고 말린 생강도 강한 불에 덖어준다.
3. 1에 법제한 약재들을 넣어준다.
4. 김 오른 찜기에 유자를 올리고 3~5분 찐다.
5. 쪄진 유자는 뚜껑을 덮고 면실로 묶어준다.
6. 피자 팬에 한지를 깔고 긴 시간 구워준다.
7. 유자가 수분이 빠지면 실을 다시 묶어 주는 것을 여러 번 반복한다.
8. 달이는 방법 : 유자쌍화 1개, 물 2L 정도 붓고 물이 끓으면 약불로 낮추어서 1시간 정도 달여서 꿀을 감이해서 차로 마신다.

Tip

• 유자쌍화를 구울 때는 유자를 계속 뒤집고 돌리면서 열을 골고루 받도록 한다.

단호박 빙수

재료

단호박 1/2통
우유 4C
물 1/2C
연유 1/4Ts
빙수용 팥 2Ts
인절미 1개

만드는 법

1 단호박은 반으로 잘라 껍질과 씨를 제거한 후 찜기에 찐다.

2 찐 단호박에 우유, 연유, 물을 넣고 간다.

3 2를 얼음틀에 넣은 후 냉동고에 얼려 둔다.

4 얼린 단호박을 빙수기에 넣고 갈아 빙수를 내린다.

5 빙수용 팥과 인절미를 잘게 썰어 올려 준다.

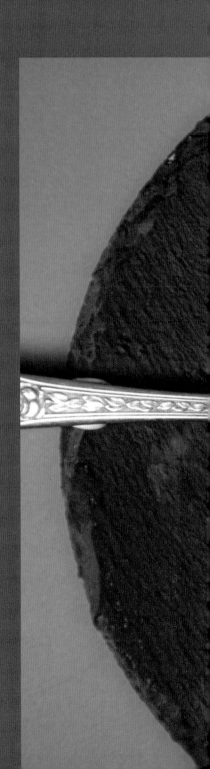

×

오레그랏세

홍시커피

누룽지 카푸치노

모카프라푸치노

펄흑당커피

쑥포가토

자몽라떼 비앙코

솜사탕라떼

흑임자라떼

밀크티

녹차팥라떼

한 잔 의 여 유
커 피

오레그랏세

재료

더치커피 50mL
연유 35mL
우유 100mL

만드는 법

1 연유는 중탕해서 따뜻하게 한다

2 우유에 연유를 넣고 잘 섞는다.

3 컵에 2를 따른다.

4 3 위에 층이 생기도록 더치커피를 조심히 붓는다.

♠ 더치커피를 숟가락 뒷면 위에 천천히 부어 흘리거나 플라스틱 뚜껑을 바늘로 콕콕 찔러 커피를 부어 따르면 층이 잘 생긴다.

홍시커피

<table>
<tr><td>

재료

홍시 1개
에스프레소 1샷

</td><td>

만드는 법

1 홍시를 잘 으깨서 준비한 잔에 넣는다.

2 에스프레소 1샷을 추출한 후 살며시 붓는다.

♠ 우유거품을 내거나 크림을 올린다.

</td></tr>
</table>

한잔의 여유 커피

253

누룽지 카푸치노

재료

누룽지가루 2Ts
우유 200mL
에스프레소 1샷
얼음 10개

만드는 법

1 우유를 데워 거품을 낸 후, 거품은 따로 준비한다.

2 데운 우유에 누룽지가루를 넣고 잘 저어준다.

3 잔에 얼음을 채운다.

4 3에 누룽지우유를 붓는다.

5 커피를 붓고 우유거품을 얹는다.

6 누룽지를 꽂아 데코한다.

♠ 누룽지크림을 올려서 데코해도 된다.

누룽지크림

1 누룽지, 우유 60g, 생크림 30g, 설탕 5g을 넣고 꾸덕하게 휘핑해서 올린다.

Tip

• 누룽지 외에도 미숫가루, 선식가루를 이용하여 다양하게 만들 수 있다.

모카프라푸치노

재료

에스프레스 1샷
초코시럽 20mL
우유 120mL
얼음 10개
초코파우더 60g
초코아이스크림 1스쿱
초콜릿조각 or 소스

만드는 법

1   잔의 안쪽에 차가운 초코소스를 뿌린다.

2   에스프레소를 추출하고 초콜릿시럽 등 재료를 넣고 블렌더에 갈아 *1*에 붓는다.

3   초코아이스크림을 위에 올린다. (함께 갈아도 됨)

4   위에 초콜릿조각 등으로 데코한다.

 Tip
• 초코시리얼이나 코코볼 등을 넣어도 된다.

펄흑당커피

재료

에스프레소 2샷
타피오카펄 2Ts
흑당시럽 20g
우유 150mL
생크림 90g
설탕시럽 15mL
(얼음)
코코아파우더 약간

만드는 법

1   잔에 전처리한 타피오카펄을 넣는다.

2   흑당시럽에 에스프레소 2샷을 넣고 잘 섞어서 붓는다.

3   우유거품을 충분히 만들어 붓는다.

4   코코아파우더를 충분히 뿌린다.

5   생크림, 시럽을 넣어 꾸덕한 질감이 되도록 만들어 붓거나 생크림을 얹는다.

♠   냉동 타피오카펄은 해동한 후 충분한 양의 물에 삶아 찬물에 헹궈 사용한다.

Tip

• 흑당시럽 – 흑설탕 1 : 물(꿀) 1을 젓지 않고 끓인다.

쑥포가토

재료

말차가루 3/2Ts
올리고당 2Ts
생크림 1/4C
우유 1/2C
에스프레스 1샷
설탕 1ts
얼음 10개
쑥차가루 1Ts

만드는 법

1 쑥차가루 1Ts, 뜨거운 물 3Ts, 올리고당 2Ts을 잘 섞어 잔에 넣는다.

2 얼음을 채우고 우유를 붓는다.

3 에스프레소 1샷을 잘 붓는다.

4 말차가루, 설탕 1ts(물), 생크림을 넣고 휘핑한 후 얹는다.

♠ 녹차아이스크림, 남은 쑥차가루, 허브 등을 얹어 장식한다.

자몽라떼 비앙코

재료

에스프레소 1샷
자몽청 30mL
얼음 7개
우유 200mL

만드는 법

1   에스프레소 1샷을 준비한다.

2   잔에 자몽청을 넣는다.

3   2에 얼음을 채우고 우유 150mL를 따른다.

4   나머지 우유는 거품을 만들어 올린다.

5   잔에 에스프레소를 조심스럽게 따른다.

  자몽 슬라이스로 장식한다.

과일청

1   과일을 깨끗이 씻은 후 설탕과 동량으로 버무려 3~4일 후 사용한다.

2   냉동과일을 사용해도 된다.

Tip

- 비앙코 – 이탈리아어로 '흰색'을 의미한다.
- 다양한 과일청 사용가능 – 귤, 딸기, 블루베리비앙코 등

솜사탕라떼

재료

블루큐라소 1Ts
연유 1ts
우유 1/4C
에스프레소 1샷
솜사탕 1개
얼음 3~4개

만드는 법

1   잔에 얼음을 넣는다.

2   블루큐라소와 연유, 우유를 잘 섞어 얼음 위에 붓는다.

3   에스프레소 1샷을 추출한 후 조심스레 따른다.

4   준비한 솜사탕을 얹어서 낸다.

Tip

• 마시멜로를 올리고 토치로 그을려도 예쁘다.

흑임자라떼

재료

흑임자파우더 40g
우유 100mL
생크림 100mL
설탕 10g
연유 5g
에스프레소 2샷
얼음 120g

만드는 법

1 잔에 얼음을 넣는다.

2 우유를 잔의 절반 정도 붓는다.

3 흑임자가루, 생크림, 설탕을 넣고 휘핑한 후 연유를 넣어 섞는다.

4 만들어 둔 흑임자 크림 *3*을 올린다.

5 에스프레소를 붓는다.

Tip

• 흑임자 페이스트로 사용해도 된다.

밀크티

재료

홍차 8~10g(티백 2개)
우유(두유 등) 150~180mL
물 150mL
설탕(기호) 15g

만드는 법

1   물을 팔팔 끓인 후 찻잎을 넣어 3~4분간 우린다.

2   우유를 약불에서 가장자리가 보글보글 끓이다가 1을 넣어 한소끔 끓인다.

3   찻물이 충분히 우려나면 체에 걸러서 잔에 따라 낸다.

  기호에 따라 커피, 설탕을 넣거나 우유 거품을 얹기도 한다.

Tip

• 다양한 차 이용 가능 – 보이차, 말차, 호지차, 루이보스, 히비스커스, 카모마일, 페퍼민트 등
• 냉장고에 넣어 차게도 마신다.

녹차팥라떼

재료

말차가루 5/2Ts
우유 1/2C
팥앙금 2Ts
얼음 10알
녹차아이스크림 1스쿱

만드는 법

1   팥앙금을 잔에 넣는다.

2   잔에 얼음을 채운다.

3   우유를 붓는다.

4   말차가루를 뜨거운 물에 섞어서 붓는다.

수제 팥앙금

1   팥은 씻은 후 끓여 첫물은 버리고 찬물에 헹군다.

2   물을 충분히 넣고 삶은 후 뜸들인다.

3   설탕, 소금을 넣어 한소끔 끓인다.

    허브 등으로 장식한다.

Tip

• 커피 1샷을 부어도 된다.

참고
문헌

○ 조선 왕조 궁중음식, 황혜성·한복려·정길자, 궁중음식연구원, 2003

○ 전통한과 떡 먹기 좋은 떡, 최순자, ㈜비앤씨월드, 2008

○ 윤숙자 교수의 맛깔나는 퓨전한과, 윤숙자, 백산출판사, 2020

○ 한국의 떡 한과 음청류, 윤숙자, 지구문화사, 2010

○ 떡이 있는 풍경, 윤숙자, 지구문화사, 2014

○ 쪽빛마을 한과, 운숙자, 질시루, 2002

○ 전통한과, 최순자, 한국외식정보, 2001

○ 궁중의 떡과 과자, 정길자 외, 궁중병과연구원, 2012

○ 한국의 떡, 정재홍, 형설출판사, 2003

○ 우리가 정말 알아야 할 우리 음식 백 가지, 한복진, 현암사, 2005

○ 한국민족문화대백과, 한국학중앙연구원

○ 전통 향토 음식 용어사전, 농촌진흥청 국립농업과학원

○ 한식문화사전, 주영하, 휴먼앤북스, 2024

○ 꼭 알아야할 식품위생, 박종세, 유림, 1998

○ 조선왕조 궁중음식, 한복려, 사단법인 궁중음식연구원, 2012

○ 한국의 전통병과, 정길자 외, 교문사, 2021

○ 음식디미방 총람, 이진학, 한국음식디미방문화원, 2023

○ 의궤와 고문헌을 중심으로, 오순덕, 한국식식생활문화학회, 2013

○ 한식디저트, 황은경, 백산출판사, 2022

○ 한식디저트, 황용택, ㈜아이콕스, 2021

○ 커피트레이닝, 이영민, ㈜아이비라인, 2002

○ 기초 커피바리스타, 전광수외 4인, 형설출판사, 2008

○ 커피, 알랑 스텔라, 도서출판 창해, 2000

○ 티소믈리에가이드, 프랑수와 사비에르, 한국 티 소믈리에 연구원, 2012

○ 365샐러드, 정신우, 조선앤북, 2018

○ 올 어바웃 수제청, 서은혜, 마들렌북, 2021

○ 한국의 발효음식, 김은실, 엠제이미디어, 2020

○ 신 음료의 이해, 류무희 외, 파워북, 2019

○ 향기로운 삶을 연출하는 허브&아로마 라이프, 조태동, 대원사, 2006

○ 주요 허브 추출물의 항산화성 및 항균활성, 최인영·송영주·이왕휴, 원예과학기술지, 28(5), pp. 871-876, 2010

○ Harvard Health Publishing Resources (www.health.harvard.edu)

○ https://artfultea.com

Profile

김경서

김경서의 치유음식 사찰음식연구원 원장
대구한의대 푸드케어약선학과 석사
사찰음식명인(kfca)
울산현대백화점 채식요리반 강의(2016~현재)
중소벤처기업부장관상 외 다수 수상

김은숙

참한쿠킹 대표
영남대학교 외식산업학전공 식품학 석사
한식·양식·중식·일식·복어·제과·제빵·떡제조기능사
영진전문대학교, 한국전통문화체험관 등 외래강사
중소기업벤처장관상 외 다수 수상

신경이 (한결)

을지대학교 식품산업외식학과 이학석사
한국자연음식협회 상임이사
이지자연음식문화원 수석연구원
사찰음식지도자, 푸드코디네이터 1급 민간자격증
교육부장관상 외 다수 수상

안미숙

The 좋은 날 대표
영산대학교 조리전공
한식조리명인, 음식디미방기능장, 사찰음식전문가 1급,
혼례음식전문가, 한식산업기사
농림축산식품부장관상, 중소기업벤처장관상 외 다수 수상

양유경 (다겸)

다겸테이블 by 빛담 대표
경기대학교 관광전문대학원 식공간연출전공 석사
서울문화예술대학교 외래강사
여성가족부장관상 외 다수 수상

우미숙

미감음식연구원 대표
대구한의대학교 푸드케어약선학과 석사
한식협회 한식조리명인, 음식디미방기능장,
혼례음식전문가, 사찰음식전문가 1급
농림축산식품부장관상 외 다수 수상

채담 전효원

경기대학교 외식산업경영 박사
대구가톨릭대학교 푸드코디네이터 외래강사
이지자연음식문화원장
중등교사, 영양사, 훈련교사 2급, 사회복지사 1급
교육부장관상 외 다수 수상
저서: 마음을 담은 사찰음식, 맛의 방주, 반려견의 자연식 펫푸드,
　　집사와 함께하는 캣푸드 외

한 권으로 끝내는 **카페 메뉴**

2024년 7월 25일 초판 1쇄 인쇄
2024년 7월 31일 초판 1쇄 발행

지은이 전효원·우미숙·양유경·안미숙
　　　　신경이·김은숙·김경서
펴낸이 진욱상
펴낸곳 (주)백산출판사
교　정 박시내
본문디자인 신화정
표지디자인 오정은
사　진 김종명(momo snaps)
스타일링 양유경(다겸테이블 by 빛담)

등　록 2017년 5월 29일 제406-2017-000058호
주　소 경기도 파주시 회동길 370(백산빌딩 3층)
전　화 02-914-1621(代)
팩　스 031-955-9911
이메일 edit@ibaeksan.kr
홈페이지 www.ibaeksan.kr

ISBN 979-11-6567-873-9　13590
값 28,000원